自然灾害与环境污染

NATURAL DISASTERS AND ENVIRONMENTAL POLLUTION

主　编　向　超
副主编　祝　航
顾　问（以姓氏拼音为序）
林岩銮、刘　静
柳本立、唐朝生

北京大学出版社
PEKING UNIVERSITY PRESS

图书在版编目(CIP)数据

自然灾害与环境污染 / 向超主编 ；祝航副主编. --北京 ：北京大学出版社，2025. 6.
（中学生地球科学素质培养丛书）. -- ISBN 978-7-301-33274-0
Ⅰ. X43-49；X5-49
中国国家版本馆CIP数据核字第2025DE8824号

书　　名　自然灾害与环境污染
　　　　　ZIRAN ZAIHAI YU HUANJING WURAN
著作责任者　向　超　主编
　　　　　祝　航　副主编
责 任 编 辑　王树通
标 准 书 号　ISBN 978-7-301-33274-0
出 版 发 行　北京大学出版社
地　　址　北京市海淀区成府路205 号　100871
网　　址　http://www.pup.cn　新浪微博: @ 北京大学出版社
电 子 邮 箱　编辑部 lk2@pup.cn　　总编室 zpup@pup.cn
电　　话　邮购部 010-62752015　发行部 010-62750672　编辑部 010-62764976
印 刷 者　北京宏伟双华印刷有限公司
经 销 者　新华书店
　　　　　730毫米×980毫米　16开本　16.5印张　228千字
　　　　　2025年6月第1版　2025年6月第1次印刷
定　　价　99.00元

丛书编委会

焦维新　北京大学

李湘庆　北京大学

宋婉婷　北京大学

王玲华　北京大学

王瑞敏　北京大学

王颖霞　北京大学

王永刚　北京大学

闻新宇　北京大学

吴泰然　北京大学

熊文涛　北京大学

岳　汉　北京大学

周继寒　北京大学

朱晗宇　北京大学

陶　霓　长安大学

李春辉　成都理工大学

张　磊　成都理工大学

许德如　东华理工大学

付　勇　贵州大学

王　兵　贵州大学

杨克基　河北地质大学

沈越峰　合肥工业大学

高　迪　河南理工大学

郑德顺　河南理工大学

田振粮　南方科技大学

孙旭光　南京大学

唐朝生　南京大学

王孝磊　南京大学

罗京佳　南京信息工程大学

蔡闻佳　清华大学

林岩銮　清华大学

毛光周　山东科技大学

马　健　上海交通大学

朱　珠　上海交通大学

刘　静　天津大学

高　航　同济大学

鄢建国　武汉大学

封从军　西北大学

蔡阮鸿　厦门大学

沈忠悦　浙江大学

石许华　浙江大学

许建东　中国地震局地质研究所

周永胜　中国地震局地质研究所

赵志丹　中国地质大学（北京）

江海水　中国地质大学（武汉）

罗根明　中国地质大学（武汉）

王　轶　中国地质大学（武汉）

汪在聪　中国地质大学（武汉）

夏庆霖　中国地质大学（武汉）

张晓静　中国航天科技创新研究院

邓正宾　中国科学技术大学

陆高鹏　中国科学技术大学

王文忠　中国科学技术大学

张少兵　中国科学技术大学

张英男　中国科学技术大学

李雄耀　中国科学院地球化学研究所

何雨旸　中国科学院地质与地球物理研究所

李金华　中国科学院地质与地球物理研究所

李秋立　中国科学院地质与地球物理研究所

赵　亮　中国科学院地质与地球物理研究所

刘建军　中国科学院国家天文台

屈原皋　中国科学院深海科学与工程研究所

蒋　云　中国科学院紫金山天文台

刘　宇　中国矿业大学（北京）

颜瑞雯　中国矿业大学（北京）

郭英海　中国矿业大学（徐州）

史燕青　中国石油大学（北京）

刘　华　中国石油大学（华东）

韩　永　中山大学

郝永强　中山大学

卢绍平　中山大学

张　领　中山大学

张吴明　中山大学

朱丽叶　中山大学

秘　书　崔　莹　北京大学

祁于娜　中国地震学会

丛书序言

地球科学（含行星科学，即地球与行星科学）是研究人类居住的家园——地球的科学，是研究地球物质组成、运动规律和起源演化的一门基础学科，与数学、物理、化学、生物、天文构成了自然科学中的六大基础学科，同时又紧密依靠数学、物理、化学、生物等学科基本原理和方法来认识地球的过去、现在和未来，因此它又是一门交叉学科。地球科学与人类的繁衍生存息息相关。人类社会发展所依赖的能源和矿产资源的探寻，依赖于地球科学对于物质运移和富集规律的研究；解决人类所面临的各种环境问题、气候问题、自然灾害，也需要从地球的运行规律入手来建立科学的防治方案。

进入21世纪的今天，人类社会发展与自然环境的矛盾愈发显著，成为科学界与社会共同关注的焦点。应对气候变化和全球治理，不仅是地球科学家需要关注和解决的科学问题，也成为国家间政治博弈和国力角逐的关键点。我国“双碳”目标的提出，体现了我们作为一个负责任大国的担当，这也为当代地球科学家提出了新要求，他们必须从地球自然碳循环（板块运动、火山爆发、海气作用等）和人为碳循环的耦合作用机理入手，建立更加准确的预测模型，以支撑“双碳”目标的实现和国际合作与博弈。对于深海和深地的探索，不光开拓了人类的未知知识领域，也成为解决人类能源资源与矿产资源问题的一个新的增长点。深空探测则将我们的眼光从地球拓展到广袤的宇宙，特别是对于太阳系行星的探测、对地外资源的探测以及寻找并构建第二颗适合人类居住的行星，成为我们深空探测的核心和未来任务。总而言之，地球科学对于人类未来的发展具有重要的意义，因而，对于地球科学人才的培养也是未来发展的重要保障。

从另一个角度来说，提高全民的科学素养是实现中华民族伟大复兴的人才基础；只有全民的科学素养提高了，中华民族才能屹立于世界民族之林。而地球科学则是进行全面科学素养培养的一个重要平台。地球科学提供了诸多人们熟识但又陌生的自然现象，很容易引起人们的兴趣和关注；引导学生主动利用数学、物理、化学、生物等学科基础对这些自然现象进行解释，进而培养学生正确运用科学知识认知世界的能力，这是对现有人才培养过程的有利补充。

中华民族的复兴和未来国家战略计划的开展亟须大量具备科学思维的年轻人，虽然只有很少的一部分人最后从事地球与行星科学方面的研究和工作，但地球科学可以提供提高科学素养的土壤。培养国家未来之地球科学拔尖人才则需要从中学（甚至小学）开始进行地球科学的启蒙和素质培养。

地球科学涵盖范围极广，其中包含了 7 个一级学科（地理学、地质学、地球化学、地球物理学、海洋科学、大气科学、环境科学）。一方面，由于学科发展的历史原因，各学科间尚未形成有效的交叉，这一现象严重阻碍了学科的拓展和人才的培养；另一方面，地球科学与其他基础学科（数学、物理、化学、生物）的结合还有待于进一步加强。基于上述问题，我们组织编写了这套面向中学生的地球科学科普丛书。基于对未来学科发展的预判，服务于国家重大战略需求以及在全民科学素养提升中应起到的作用，本套丛书对地球科学的学科进行整合，围绕地球系统科学、地球圈层与相互作用这一核心，尽可能将现有的学科按照科学问题进行整合，知识体系将不再按照原有的学科体系排布，计划编纂成14册，包括：①《宇宙起源与太阳系形成》；②《地月系统起源与地球圈层分异》；③《地球物质基础》；④《大气圈》；⑤《水圈》；⑥《生物圈》；⑦《地球表面过程》；⑧《生物地球化学循环》；⑨《地球气候与全球变化》；⑩《资源与碳中和》；⑪《自然灾害与环境污染》；⑫《行星科学》；⑬《行星宜居性演化》；⑭《地球与行星探测技术》。丛书的科学逻辑从宇宙、太阳系、地球起源和圈层分异开始（第一、二册），然后依次介绍地球的各个圈层（第三至六册）和圈层间的相互作用（第七至九册），在此基础上重点关注了资源能源问题（第十册）、灾害与环境问题（第十一册）、地外行星的行星科学（第十二册），再从时间轴的角度介绍了宜居行星的演化历史（第十三册），最后将科学、技术、工程结合介绍地球与行星的探测技术（第十四册）。

作为一套面向中学生的科普读物，本套丛书重点关注地球科学的科学逻辑和知识体系的连贯，同时尽量做到内容扁平化，旨在培养学生的地球系统观和帮助学生建立较为完整的地球科学知识体系。为了引导学生主动利用“数理化生”基本原理来认识自然现象和理解地球科学的关键科学问题，我们将普遍建立地球科学与其他基础学科的连接，并对一些典型的例子进行深度剖析和数值解译，进而建立与更高层次（大学生）人才培养的衔接。

本套丛书由北京大学地球与空间科学学院牵头，中国地震学会深度参与，组织了来自全国30多所高校和科研院所的近百位专家学者构成丛书编委会。丛书编委会通过认真研讨，将地球科学的各个不同分支进行了学科整合和知识框架的整理，并编写了深入细化的科学提纲；在此基础上，委托10余所中学的教师组织编写团队，编写团队依照提纲进行内容的具体编写，各中学编写团队由涵盖物理、化学、生物、地理方向的至少5位老师组成，以期实现跨学科交叉；来自北京大学的博士研究生助理负责编写过程中科学问题的解疑和初稿的审定及修改；丛书编委会专家对书稿进行最终审定、修改并定稿。

希望本套丛书的出版能够对提高全民的科学素养有所裨益，成为爱好地球科学大众的入门读物，更期待有更多的地球科学爱好者学习地球科学知识，认识地球演化规律，共同保护地球——人类赖以生存的共同家园！

中国科学院院士
俄罗斯科学院外籍院士
北京大学地球与空间科学学院博雅讲席教授

2024年7月5日于北京大学朗润园

本书作者介绍

向超

博士，地理高级教师，湖南师范大学附属中学科研与教师发展处副主任，湖南省名师培养对象和向超中学地理名师工作室首席名师，湖南师范大学兼职硕士生导师，湘教版高中和初中地理新教材编者和培训专家，《高中地理实践活动》主编，长沙市首批卓越教师。全国中学生地球科学奥林匹克竞赛优秀指导教师，指导学生荣获国际地球科学奥林匹克竞赛和国际地理奥林匹克竞赛2枚金牌、2枚银牌。

祝航

湖南师范大学附属中学地理专任教师，硕士，毕业于北京师范大学，全国中学生地球科学奥林匹克竞赛优秀指导教师，指导学生荣获国际地球科学奥林匹克竞赛金牌。

宋泽艳

湖南师范大学附属中学地理专任教师，大学本科，毕业于湖南师范大学，指导学生参加全国中学生地球科学奥林匹克竞赛荣获湖南省一等奖并荣获优秀指导老师，参与编写《中学地理研学理论与实践》等著作。

陈媛

湖南师范大学附属中学地理专任教师，硕士，荣获湖南省地理教学竞赛一等奖和湖南省2017年中小学教师在线集体备课大赛高中地理备课组特等奖，指导学生参加全国中学生地球科学奥林匹克竞赛荣获湖南省一等奖并荣获优秀指导老师。

罗梓维

湖南师范大学附属中学地理专任教师，全国中学生地球科学奥林匹克竞赛优秀指导教师。

张琳

湖南师范大学附属中学地理专任教师，毕业于北京师范大学，参与编写《中学地理研学理论与实践》等著作。

杨宜

毕业于湖南师范大学附属中学，现就读于同济大学。2021年代表中国大陆地区参加第17届国际地理奥林匹克竞赛，获得银牌。

薛钧元

毕业于湖南师范大学附属中学，现就读于河北地质大学。2022年以全国中学生地球科学奥林匹克竞赛决赛全国第二的成绩获得金奖并入选国家集训队。

内容简介

自然灾害和环境污染是当前人类面临的两大环境问题，其防治与应对也是地球科学的重要应用领域。本书在整体介绍自然灾害和环境污染的概念、类型、原因、危害及防治措施的基础上，结合最新的案例，带领读者全面深入探究各种自然灾害和环境污染的机制、负面效应及应对策略。本书形式活泼、材料新颖、语言简明，除正文外，还设有拓展阅读，既可以当作对地球科学、地理科学感兴趣的高中生及地学相关专业本科生的科普读物，也可以作为地球科学等相关地学竞赛的培训教材。

本书是湖南省教育科学“十四五”规划2024年“双名”培养计划专项重点资助课题“指向核心素养的中学地理实践‘三层三类’课程体系构建与实施研究”（课题编号：XJK24ASM020）的研究成果。

目录 Contents

第 1 章　自然灾害概述

第4章 空间灾害

第 5 章 环境污染概述

第 6 章 大气污染

第 7 章 水污染

第 8 章 土壤污染

第 9 章 固体废弃物污染

第 10 章 噪声污染

第 11 章　放射性污染

第1章 自然灾害概述

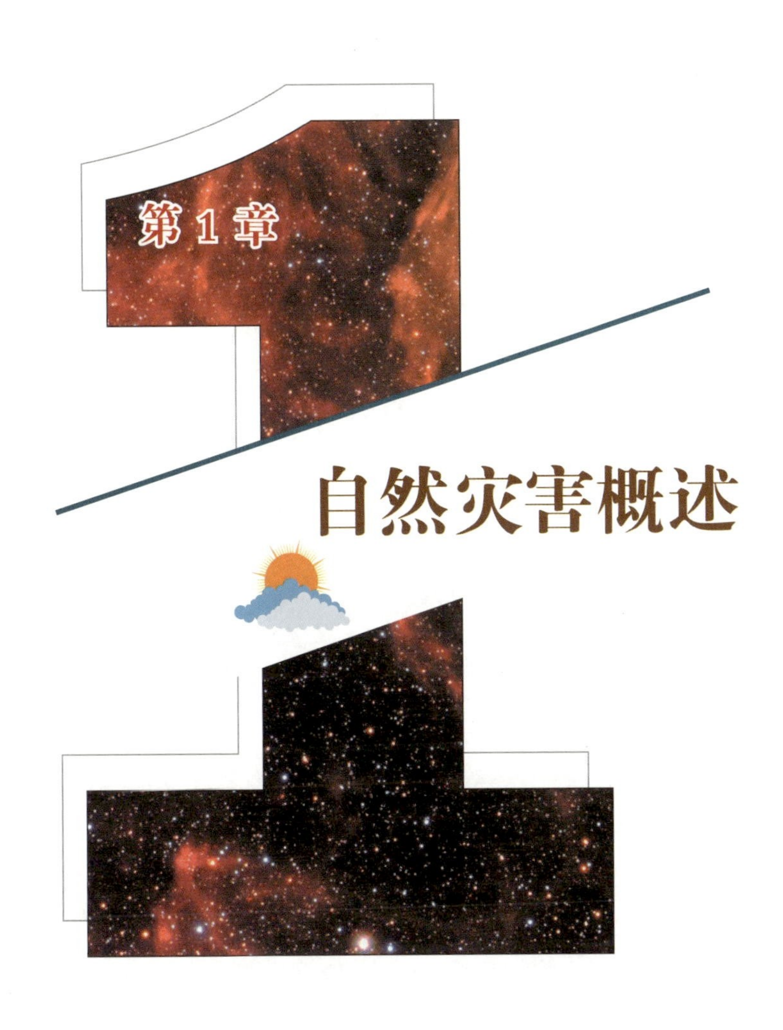

自然灾害经常给人类的生命财产和生产生活带来威胁，因此防灾减灾是人地关系的重要方面。

1.1 概念 Concept

灾害是指危及人类生命财产与生存条件的现象和过程，包括自然灾害和人为灾害两类。自然灾害是指危及人类生命财产与生存条件的自然变异现象和过程。人为灾害是指以人为因素为主的威胁人类生命财产与生存条件的事件和过程。

1.2 分类 Classification

根据不同的角度，自然灾害有不同的类型划分。按照自然灾害发生的圈层，可以分为气象灾害、地质灾害、水文灾害、生物灾害。按照发生的原因，可以分为原生灾害和次生灾害。按照发生范围的大小，可以分为全球性

灾害和区域性灾害。按照发生的时间，可以分为地史灾害、历史灾害、当代灾害和未来灾害。

自然灾害危害程度的划分

按照危害的程度，可以将自然灾害分为特大灾害、大灾害、中灾害、小灾害。

（1）特大灾害

一次性灾害过程造成以下后果之一的定义为特大灾害：农作物绝收面积 30 万公顷以上；倒塌、损坏民房 5 万间以上；因灾需紧急转移人数 3 万人以上；7 级以上严重破坏性地震（中等以上城市和人口密集的城镇发生 6.5 级以上）等。

（2）大灾害

一次性灾害过程造成以下后果之一的定义为大灾害：农作物绝收面积 10 万～30 万公顷；倒塌、损坏民房 3 万～5 万间；因灾需紧急转移人数 1 万～3 万人；6.0～6.9 级破坏性地震（中等以上城市和人口密集的城镇发生 5.5 级）等。

（3）中灾害

一次性灾害过程造成以下后果之一的定义为中灾害：农作物绝收面积 5 万～10 万公顷；倒塌、损坏民房 1 万～3 万间；因灾需紧急转移人数 5000～10 000 人；4.0～5.9 级破坏性地震等。

（4）小灾害

未达到中灾害划分标准的均为小灾害。

在进行自然灾害预报预警时，根据自然灾害的危害程度可以分为一般（Ⅳ级）、较重（Ⅲ级）、严重（Ⅱ级）、特别严重（Ⅰ级）四个预警级别，并依次采用蓝色、黄色、橙色、红色加以表示。

1.3 特征 Characteristic

人类为了防止和减少自然灾害的威胁，对自然灾害规律的认识日益深入。了解自然灾害的特征（图 1–1），可以帮助我们开展防灾减灾工作。

首先，自然灾害具有广泛性特征。自然灾害类型多样，分布范围广泛。只要有人类居住和活动的地方，无论是陆地还是海洋，地上还是地下，平

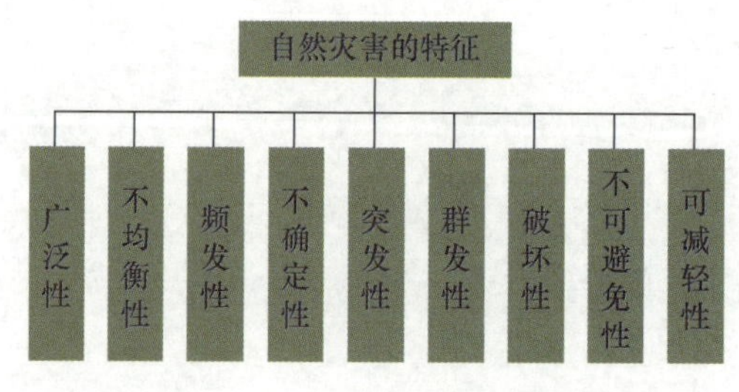

图 1–1　自然灾害的特征

原、丘陵还是山地、高原，城市还是乡村，或多或少、或大或小，自然灾害都有可能发生。当然，由于自然环境的地域差异，自然灾害在空间分布上呈现出不均衡性的特征。

其次，自然灾害具有频发性特征。全世界每年发生的大大小小的自然灾害不计其数，造成的人员伤亡和财产损失十分严重。同时，自然灾害的发生时间、地点和规模具有不确定性，增加了人们抵御自然灾害的难度。

自然灾害还具有突发性特征。比如，地震的过程是一种强烈的地壳运动，在很短的时间内发生。由于自然环境各要素之间相互联系和相互作用，当一种自然灾害发生时，还会诱发其他灾害，形成灾害链，这称为灾害的群发性。灾害的突发性和群发性导致自然灾害具有较大的破坏性。

只要地理环境的物质在运动，只要有人类存在，自然灾害就不可避免。但人类在自然灾害面前也不是完全无能为力，只要加强对自然灾害的研究，做好自然灾害的预警、救援等工作，就可以最大限度地减轻灾害损失。因此，自然灾害具有可减轻性。

1.4 时空分布

Spatiotemporal distribution

• 1.4.1 时间变化

由于自然地理环境变化具有一定的周期性，因此自然灾害也具有周期性。影响自然灾害的周期性的一个主要因素是气候的周期变化。例如，台风和飓风一般发生在夏秋季节，我国北方的沙尘暴最容易发生在春季。除了季节变化，还有更长的周期。例如，我国20世纪30年代和50年代为丰水期，10年内分别发生大洪水8次和11次；60—70年代大洪水相对减少，20年内只有4次；到90年代，大洪水的次数明显增加。内蒙古某地区草原野火发生最活跃的年份以3～4年为周期，其主要原因是该地气候干旱，一次野火后，草本植物（可燃物）的积累需要3～4年。而一个地区的地震发生有平静期和活跃期之分。

人们常说的某种自然灾害“十年一遇”“百年一遇”，实际上就是对自然灾害周期性的一种通俗描述。“百年一遇”灾害说的是灾害的再现概率。其具体含义是指一年内发生某种灾害的概率或可能性是1%，而不是说每100年或者正好相距100年必定发生一次某种灾害。

近几十年来，自然灾害的发生次数总体上呈现出增加的趋势（图1-2）。

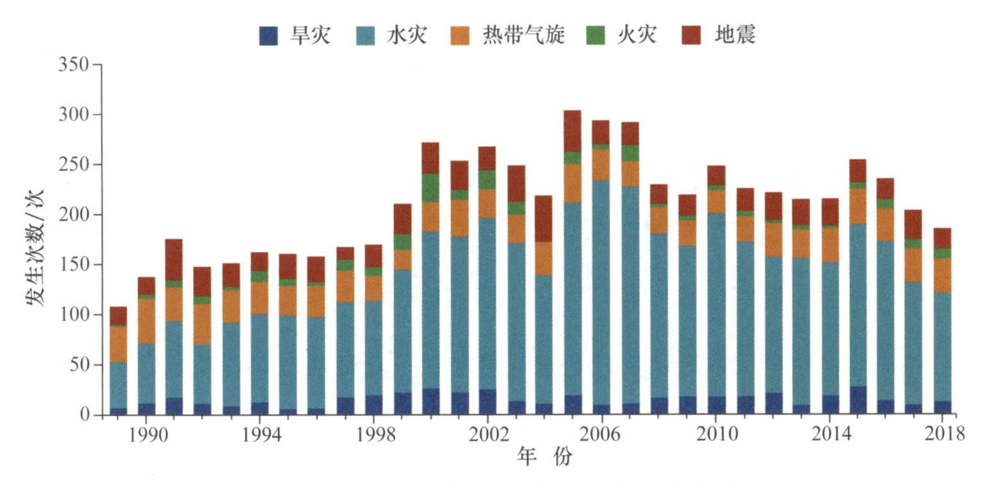

图1-2 1989—2018年全球典型自然灾害发生次数

• 1.4.2 空间分布

自然灾害在空间分布上是不均匀的。在成因上有直接关联的自然灾害在空间分布上具有一致性。例如，地震、火山多发的山区，崩塌、滑坡、泥石流等灾害发生也较多。

成因不同的自然灾害，在空间分布上往往具有较大差异性。地震、火山喷发等地质灾害的发生，与地球板块构造的分布有密切关系；而旱涝灾害的发生更多取决于降水量及时间变率的空间分布。

世界上有些区域和国家灾害类型多、频率大、危害大，如中国东部季风区、美国中东部地区等；有些区域和国家灾害发生得相对较少，如中欧和东欧平原、新加坡等。

1.5 成因 Origin

自然灾害产生的根本原因在于地球各圈层的物质运动（图 1-3）。大气圈的变异活动会引起气象灾害，岩石圈的变异活动会引起地质灾害，水圈的变异活动会引起水文灾害，某些生物的过度繁殖会引起生物灾害。这反映的是自然灾害的自然属性。

但是，并不是所有的自然变异活动都会成为自然灾害。自然变异，只有在它超过一定的限度，对人类的生命和生存环境造成危害时，才被视为自然

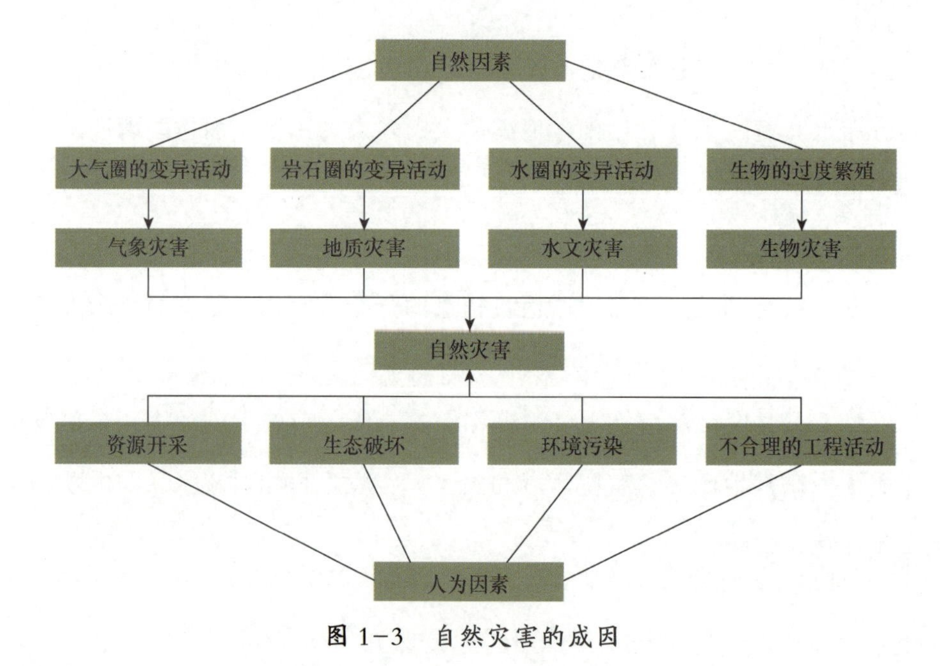

图 1-3　自然灾害的成因

灾害。例如，同样是地震，震级在 5 级以下的一般破坏性不大，有些震级小的地震根本不构成灾害，而发生在人口稠密地区、震级大、震源浅的地震往往造成巨大的灾害，如 1976 年的唐山大地震。有些地震，尽管震源浅、震级大，但发生在荒无人烟的地区，也不能称为自然灾害。

很多自然灾害的发生与发展，并不单纯是一种自然的现象或过程，往往与不合理的人类活动有着密切的关系。资源开采、生态破坏、环境污染、不合理的工程活动等都是加剧自然灾害发生的人为诱导因素（图 1-3）。

长期以来，人类对自然资源实行掠夺性开发，如乱垦滥伐、乱牧滥采等，造成水土流失、土地沙化、森林减少、草原退化、水体枯竭等，从而加剧了洪水、风沙、干旱、滑坡、崩塌、泥石流等自然灾害的发生频度和成灾强度。

18 世纪兴起的产业革命，使人类文明达到了一个前所未有的高度，但随着工业化速度的不断加快，消耗的资源和能源日益增加，环境污染问题也日趋严重，区域性乃至全球性的灾害性事件层出不穷。其中，气候变化、臭氧层破坏和生物多样性减少所带来的损害是全球性的。

人类通过开展规模越来越大的工程活动，如开采矿山，修建水坝电站、交通工程，建设城镇、工厂等，在发展社会经济的同时，诱发的灾害和危险也在增加。由于地下水过度开采形成漏斗区、高层建筑物增加、地下采矿形成采空区等因素，地表沉降、塌陷和地裂缝等失稳现象经常发生。

总的来说，自然因素是自然灾害发生的主要原因，人为因素是次要原因。

1.6 对人类活动的影响

The impact on human activities

自然灾害对人类活动的影响涉及多个方面。从个人角度，表现为对生命安全、财产安全、心理健康等方面的影响。从社会角度，表现为对环境破坏、经济损失、社会损失、文化损失等方面的影响。

2022 年我国自然灾害受灾情况

我国 2022 年全年农作物受灾面积 1207 万公顷，其中绝收 135 万公顷。全年因洪涝和地质灾害造成直接经济损失 1303 亿元，因干旱灾害造成直接经济损失 513 亿元，因低温冷冻和雪灾造成直接经济损失 125 亿元，因海洋灾害造成直接经济损失 24 亿元。全年大陆地区共发生 5.0 级以上地震 27 次，造成直接经济损失 224 亿元。全年共发生森林火灾 709 起，受害森林面积约 0.5 万公顷。

1.7 自然灾害的预防和应对

Prevention and response to natural disasters

自然灾害的预防和应对是一个系统工程，需要遵循以下三个原则：

第一，以人为本，科学防灾。以保护人民群众的生命财产安全为防灾减灾的根本，以保障受灾群众的基本生活为工作重点，全面提高防灾减灾科学技术支撑水平，规范有序地开展综合防灾减灾各项工作。

第二，预防为主，协同推进。坚持预防为主的方针，加强灾害风险调查、监测预警预报、工程防御、宣传教育等预防工作，坚持防灾和救灾相结合，协同推进防灾减灾各个环节的工作。

第三，政府主导，社会参与。充分发挥各级基层组织在防灾减灾工作中的主导作用，建立属地管理的灾害防御管理责任机制，加强各部门之间的协同配合，重视防灾减灾知识的宣传教育和普及，努力推进全社会共同参与防灾减灾工作。

具体而言，防灾减灾可以从五个方面采取行动。

1.7.1 自然灾害预防的地面与空间监测、预测预警技术手段

首先，利用先进的遥感技术可以提供关键的灾害预警信息。遥感技术可以通过卫星、无人机等手段获取大范围的地表信息，包括地形、植被、水文

等数据。通过对这些数据的分析和监测，可以及时发现地质灾害的迹象，如地壳运动、地表变形等，从而提前预警可能发生的地震、滑坡等灾害。

其次，利用物联网技术可以实现对环境参数的实时监测和预警。物联网技术可以将传感器、监测设备等与互联网连接，实现对环境参数的实时采集和传输。通过对地震、气象、水文等参数的监测，可以及时发现异常情况，并通过预警系统向相关部门和居民发送警报，提醒他们采取相应的防护措施。

再次，利用人工智能技术可以对大数据进行分析和挖掘，从而提高自然灾害预警的准确性和及时性。人工智能可以通过对历史灾害数据的分析，建立预测模型，预测未来可能发生的灾害。同时，人工智能还可以通过对实时数据的分析，识别出异常模式，提前发现灾害的迹象。通过将人工智能技术与遥感技术、物联网技术等相结合，可以实现更精准、更及时的自然灾害预警。

最后，加强国际合作和信息共享也是发现新的自然灾害预警方法的重要途径。自然灾害往往不受国界限制，需要各国共同努力应对。通过加强国际合作，可以共享各国的灾害监测数据和预警经验，提高整体预警能力。同时，还可以共同研发新的预警技术和方法，共同应对全球范围内的自然灾害挑战。

总之，发现新的自然灾害预警方法对于减少灾害损失、保护人类生命财产安全具有重要意义。通过利用先进的遥感技术、物联网技术和人工智能技术，加强国际合作和信息共享，可以提高自然灾害预警的准确性和及时性，为人类社会提供更有效的灾害防范和应对手段。

• 1.7.2　自然灾害预防的人类工程建设措施

人类为预防自然灾害而采取的工程建设措施主要包括以下几个方面：

① 避难疏散设施：建设避难所、疏散通道等设施，确保在灾害发生时能够迅速、有效地疏散人员，减少人员伤亡。

② 基础设施加固：对桥梁、隧道、堤坝、水库等公共设施进行加固和维护，提高其抗灾能力。这有助于防止因设施损坏而导致的灾害扩大。

③ 防洪排涝工程：在洪水频发区域，建设防洪墙、拦河堰等工程设施，将洪水引导到指定区域，减少洪水对居民区的影响。同时，加强排水系统建设，确保城市排水畅通，减少内涝灾害。

④ 抗震建筑设计：在地震区域，建筑物的设计应遵循抗震建筑设计规范，采用抗震材料和技术，确保建筑物能够在一定范围内承受地震的冲击。加强建筑物的基础设施建设，提高建筑物的抗震性能。

⑤ 生物灾害防治设施：建设完善重点林区防火应急道路、林火阻隔网络，加强林草生物灾害防治基础设施建设。

这些工程建设措施可以相互配合，综合运用，以最大限度地减少自然灾害带来的损失。

• 1.7.3 自然灾害发生的应急响应与灾害救援

首先是应急响应。在应急响应方面要注意以下三点：

① 预警与报警：当自然灾害即将发生或已经发生时，需要立即发出预警信息和报警信号。预警信息应包含灾害类型、发生时间地点、强度等关键信息，而报警信号则应该选择易于区分和广泛传播的方式，如喇叭、警报器鸣放和短信发送等。

② 紧急撤离与疏散：一旦接到预警信息，应当立即启动撤离和疏散计

划。这一过程应遵循人民生命安全至上的原则，按照预定的路线和方式进行，避免出现踩踏和堵塞的情况。

③ 关闭重要设施：在灾害即将发生时，应关闭可能受到影响的重要设施，如水电站、化工厂等，以减少次生灾害发生的风险。

应急响应之后是灾害救援。在灾害救援方面要注意以下几点：

① 现场评估：在灾害发生后，救援队伍应先进行现场评估，了解灾害的严重程度、影响范围以及可能存在的危险源。

② 搜救与救援：根据现场评估的结果，救援队伍应迅速展开搜救和救援工作。这包括使用搜救犬以及无人机等设备进行搜索，以及使用专业设备进行救援。

③ 医疗救护：在救援过程中，应优先救治受伤人员。医疗救护人员应尽快到达现场，对伤员进行初步处理，并尽快将其送往医院进行治疗。

④ 群众安置与生活保障：在撤离和疏散到安全地带之后，需要及时组织群众的安置和生活保障工作。这包括提供临时住所、食物、饮用水等基本生活物资，以及进行心理疏导等工作。

⑤ 灾后重建：在灾害得到控制后，应尽快进行灾后重建工作。这包括修复受损的基础设施、恢复生产和生活秩序等。

此外，灾害救援还需要注重科学救援和生命至上的原则。在救援过程中，应充分利用现代科技手段，如卫星遥感、无人机等，提高救援效率。同时，应始终把人民生命安全放在首位，尽最大努力减少人员伤亡和财产损失。

需要注意的是，具体的应急响应和灾害救援措施可能因灾害类型、发生地点等因素而有所不同。

家庭应急包在防灾减灾中的重要性

各地应急部门每年在应急演练中，都会向参加演练的单位、学校等送人防应急包。配备这些物资的目的，是为了让人们在突发情况下能及时开展自救。尤其是在疫情、极端天气、突发自然灾害等情况下，引导以家庭为单位进行必要的应急物资储备，可以在关键时刻把损失和伤亡降到最低。

相关统计数据显示，地震之后的逃生和救援中，自救占70%，互救占20%，外部救援只占10%，灾难发生时逃生自救至关重要。目前，家庭应急包已在西方部分发达国家得到广泛普及，普通家庭配备率为70%以上。在地震多发的日本，配备率达到90%。法国、德国等欧洲国家，甚至有相关法律法规强制规定车辆内必须配备应急包。而据不完全数据统计，我国家庭应急包配备率仅为5%。表1-1为深圳市应对自然灾害家庭必备物品建议清单。

当事故灾害突然降临，而社会救援力量又无法第一时间给予帮助和救护时，家庭应急产品可以在48小时“黄金救援期”为个人自救和家庭成员互救赢得充足的时间，最大限度减轻危害，保护自己和家人的生命安全。

表 1-1　深圳市应对自然灾害家庭必备物品建议清单

分类	序号	物品名称	用途及说明	适用灾害类型
应急物品	1	多功能应急手电筒	用于紧急照明、紧急求救，可对手机充电，FM 自动搜台，具备手摇发电、收音机、SOS 警报触发等功能，应准备足够备用电池	所有灾种
	2	救生哨	建议选择可吹出高频求救信号的救生哨，用于呼救	
	3	毛巾、纸巾 / 湿巾	用于个人卫生清洁	
	4	压缩饼干、糖果、水（矿泉水）等	满足一家人 72 小时的热量与营养需求	
	5	多功能雨衣	背包连体雨衣、地席及简易帐篷，用作防风防雨	台风、洪涝
应急工具	6	多功能组合剪刀	有刀锯、螺丝刀、钢钳等组合功能	所有灾种
	7	逃生软梯	适用较低楼层逃生使用	所有灾种
	8	呼吸面罩	消防过滤式自救呼吸器，用于火灾逃生使用	火灾
	9	烟雾报警器	用于烟雾警示	
	10	灭火器	用于救灭火灾	
	11	灭火毯	可用于扑灭油锅火等，起隔离热源及火焰作用或披覆在身上逃生	
应急药具	12	常用医药品	抗感染、抗感冒、抗腹泻类非处方药（少量）、防暑降温药品等	所有灾种
	13	医用材料（创口贴、纱布绷带、碘伏棉棒 / 酒精棉球等）	用于消毒、杀菌及外伤包扎的医用材料	
	14	急救包	用于收纳药品、医用材料	

（来源：深圳市应急管理局网站）

• 1.7.4 防灾减灾综合立法

中央和地方立法机构及政府相关部门要推动制定、修订防灾减灾救灾法律法规，着力构建新时代自然灾害防治法制体系。要修订完善中央和地方各级自然灾害类应急预案，落实责任和措施，强化动态管理，提高自然灾害应急预案体系的系统性、实用性。要制定、修订灾害监测预报预警、风险普查评估、灾害信息共享、灾情统计、应急物资保障、灾后恢复重建等领域标准规范，强化各层级标准的应用实施和宣传培训。

我国防灾减灾的主要法律法规

我国一贯高度重视依法防灾减灾，制定了一系列涉及防灾减灾的法律法规，防灾减灾法律体系得到不断完善。

《中华人民共和国宪法》第二十六条作出了防治灾害的原则性规定。在此基础上，我国有关防灾减灾的法律法规主要包括：《中华人民共和国突发事件应对法》《中华人民共和国环境保护法》《中华人民共和国气象法》《中华人民共和国防震减灾法》《中华人民共和国消防法》《中华人民共和国防洪法》《中华人民共和国森林法》《中华人民共和国水土保持法》以及国务院公布的《地质灾害防治条例》《中华人民共和国防汛条例》《中华人民共和国抗旱条例》《森林防火条例》等。此外，不少地方性法规和部门规章也对防灾减灾作出了相关规定。

• 1.7.5 防灾减灾救灾的科普教育和应急演练

多年来，我国防灾减灾救灾科普宣传教育工作不断深入推进，但仍存在防灾减灾救灾课程开发不足、培训力度不够、培训方式单一等问题，与防灾减灾救灾科普教育工作的需求存在很大差距。要编制实施防灾减灾救灾教育培训计划，加大教育培训力度，全面提升各级领导干部灾害风险管理能力。要将防灾减灾救灾知识纳入国民教育体系，加大教育普及力度。加强资源整合和宣传教育阵地建设，推动防灾减灾救灾科普宣传教育进企业、进农村、进社区、进学校、进家庭，走深走实。充分利用全国防灾减灾日、安全生产月、全国消防日、国际减灾日、世界急救日等节点，组织开展多种形式的防灾减灾救灾知识宣传、警示教育和应急演练，形成稳定常态化机制。

应急演练是一项非常重要的工作，它可以有效地提高应急处置的能力和水平，保障人民群众的生命财产安全。自然灾害的应急演练可以提高应对突发事件的风险意识，检验应急预案的可操作性，增强突发事件应急反应能力。应急演练作为一种主动行为，在一定程度上成功改变了人类长期以来面对突发事件时的被动处境。

第2章 气象灾害

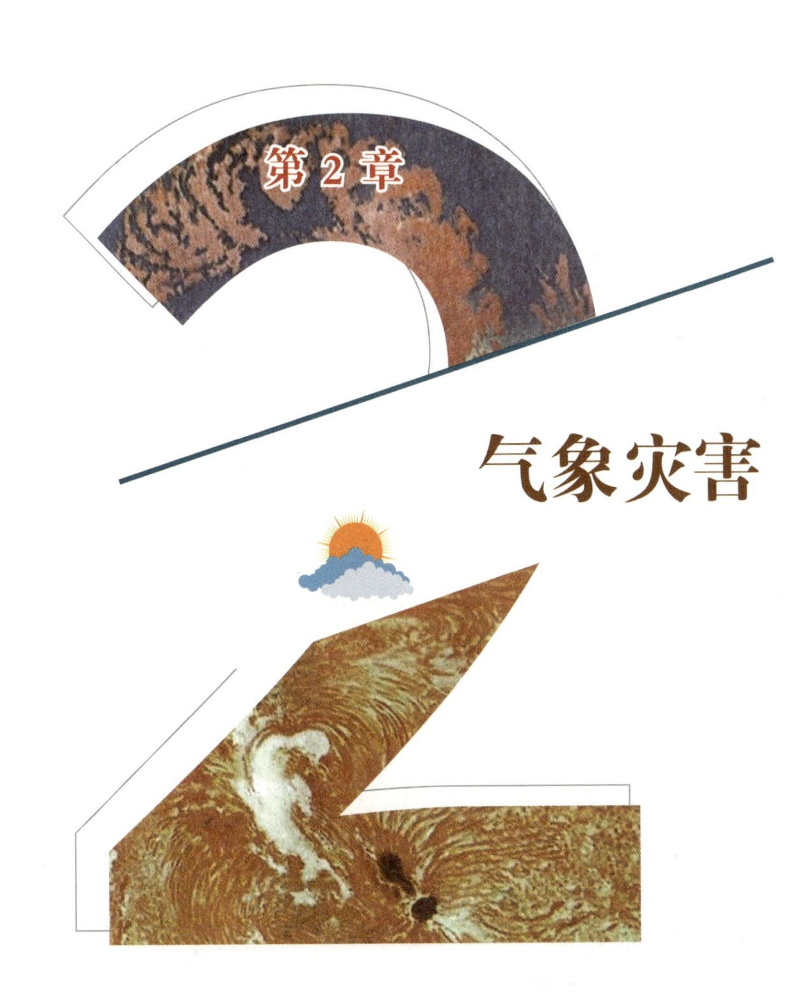

气象灾害是指由气象条件和现象引发的自然灾害，通常是由恶劣的气象条件或极端天气事件引发的灾害。气象灾害都具有破坏性和危险性，可能对人们的生命财产造成严重威胁，如旱灾、洪水可能对农作物和畜牧业造成重大损失，影响粮食供应和食品安全，因此对其进行监测、预警和应对至关重要。

我们需要关注气象灾害，这有利于提前预警从而保护生命财产安全。在受灾的时候，了解气象灾害的发生和预测气象灾害有助于政府和应急机构做好紧急应对准备，包括派遣救援队伍、提供食物和庇护所等。一些气象灾害，如极端高温、大规模洪水和旱灾，与气候变化有关。关注气象灾害有助于更好地理解气候变化的影响，并采取减缓和适应措施。这与我们的生活息息相关。

2.1 洪水 Flood

• 2.1.1 洪水的概念与分类

洪水是指河流、湖泊、沿海地区或城市街道等地区的水位突然上升，超过正常水位并泛滥的现象。洪水通常被认为是一种自然灾害，可能会对人们的生命、财产和基础设施造成严重破坏。

根据其成因和性质，洪水可以分为以下几种主要类型：

① 河流洪水。这种类型的洪水是由河流水位上升引起的，通常由降雨量大、积雪融化、山区暴雨等引发。河流洪水通常具有季节性，且在下游地区容易造成更大的影响。

② 沿海洪水。发生在海岸地，通常是由海啸、风暴潮或风暴引起的。这种类型的洪水可能会对沿海地区城市造成毁灭性的影响。

③ 城市洪水。城市洪水通常是由于城市排水系统不足以处理降雨或快速融化的雪水而引发的。城市洪水可能导致道路、地下室和地下管道被淹没。

④ 冰洪水。这种类型的洪水是由于冰坝破裂或冰川融化而引发的。它们通常发生在寒冷的地区，并且可能对附近的地区造成危险。

• 2.1.2 洪水的成因

（1）强降雨

大雨、暴雨或持续降雨可能导致河流或水库水位迅速上升，引发洪水。

（2）雪融化

当大量积雪快速融化时，融化水可能导致河流水位上升，引发洪水。

（3）冰坝崩溃

冰坝的崩溃或冰川融化可能导致冰洪水。

（4）飓风和风暴

强烈的风暴、飓风或台风通常伴随着大雨和风暴潮，可能引发洪水。

（5）土地利用变化

不合理的土地利用规划、城市化和泥石流等因素可能增加洪水的风险。

• 2.1.3　常见洪水预防措施

① 监测和预警系统。建立强大的洪水监测和预警系统，可以及早警示居民和政府，以便采取必要的预防措施。

② 防洪堤和堤坝。修建防洪堤和堤坝，以阻止洪水泛滥，并保护沿河地区的社区和农田。

③ 合理的土地利用规划。确保土地利用规划合理，降低洪水风险。避免在容易受到洪水侵袭的区域建设重要基础设施和住宅。

④ 建设排水系统。改善城市排水系统，确保它们能够有效排水，减少城市洪水。

⑤ 提高公众意识。教育公众如何应对洪水，包括疏散计划、应急包和家庭应急计划等。

⑥ 保护自然生态系统。保护湿地和河流生态系统，这些生态系统可以拦蓄大量的水分，有助于减缓洪水的发生。

总之，洪水预防需要多层次的措施，值得注意的是，洪水预防措施并不是万能的，人地协调才是减少洪水发生的关键。

2.2 旱灾
Drought

• 2.2.1 旱灾的概念与分类

旱灾是指在一定时期内，特定地区的降水量明显偏少，导致土地水分严重不足，对农业、水资源、生态环境和社会经济产生负面影响的自然灾害。旱灾通常表现为土壤干旱、水资源短缺、农作物减产、草原荒漠化等。旱灾可以根据其发生的原因和影响程度进行分类。如：

① 气象旱灾。由于降水量明显减少或分布不均匀而引发的旱灾，通常分为气象干旱和气象异常旱。气象干旱是指长期降水量偏少，而气象异常旱是指短期内降水显著减少。

② 农业旱灾。与农业产出相关的旱灾，包括土壤干旱、灌溉水源短缺等，导致作物生长受阻。

③ 水资源旱灾。水库、河流、湖泊的水位下降、地下水位降低以及供水系统受限等问题，会导致水资源的短缺，影响城市供水和农村用水。

④ 生态旱灾。影响自然生态系统的旱灾，包括湿地的干旱、河流生态系统受损、草原荒漠化等。

旱灾的成因复杂，其主因有：

① 气候因素。气候变化、气象异常和季风等因素会影响降水分布和数

量，导致气象干旱。

② 地形地貌。山脉、高原和地势低洼地区容易受到旱灾影响，因为它们可能导致降水分布不均匀。

③ 人类活动。过度采水、滥伐森林、土地过度开发等人类活动可能导致土地退化和水资源短缺，加剧旱灾的发生。

此外，厄尔尼诺和拉尼娜现象等大气环流系统的变化也可以影响降水模式，引发旱灾。

• 2.2.2 旱灾的区域特征

旱灾经常发生在以下一些具有特定地理和气候特征的地区：

① 半干旱和干旱地区。通常，沙漠、草原、半干旱地区等气候干燥地带更容易经历旱灾。

② 季风影响地区。那些受季风气候影响的地区，如南亚次大陆、东南亚和非洲撒哈拉以南地区，容易经历季节性旱灾。

③ 地中海气候地区。地中海气候地区通常在夏季经历干旱，这对农业和水资源造成挑战。

④ 山脉阻挡的内部区域。高山可能会阻挡湿空气，导致背风坡山脚下的地区容易受到气象干旱的影响。

⑤ 长期气象异常地区。某些地区可能会经历多年的降水偏少，这可能导致长期的气象干旱。

• 2.2.3 旱灾的应对措施

为了应对旱灾，许多国家都采取了措施，包括建立旱灾监测和预警系统、改善水资源管理、推广水资源节约技术、实施旱地农业措施等，以减轻旱灾带来的影响。同时，应对气候变化也被认为是减少旱灾风险的重要措施之一，但其效果显现具有缓慢性与长期性。以下是一些普遍的旱灾应对措施。

（1）水资源管理

改进水资源管理是关键。可以推广水资源节约措施，包括提高农业灌溉的效率和采用节水技术。此外，可以加强水库和水资源的跨区域调配，以确保各地有足够的供水。

（2）气象监测和早期警报

建立更强大的气象监测和早期警报系统，以便及早发现干旱迹象并采取措施。这在中国中东部地区尤为重要，因为这个地区容易受到长时间高温的影响。

（3）农业适应措施

根据干旱风险，推广抗旱作物品种和粮食储备系统。在中国中东部地区，可以采用更灵活的灌溉方法，如滴灌和喷灌，以减少水资源浪费。

（4）生态恢复

加强生态系统的保护和恢复，特别是湿地和水源地。这有助于维持生态平衡，提高水质，减轻干旱对生态系统的冲击。

（5）社会宣传和教育

开展社会宣传和教育活动，提高人们对气象干旱的认识，鼓励水资源节约和环保行为。

值得注意的是，应对旱灾需要政府、社会机构和个人的合作。不同地区的措施可能因气候、地理和资源状况而异，因此应根据具体情况制订应对方案。

2.3 寒潮与极端气温

Cold wave and extreme temperature

• 2.3.1 寒潮的概念

寒潮是指冷空气团快速向较低纬度移动，进入原本温暖的地区，导致气温骤降并持续较低的天气现象。寒潮通常伴随着大风、降温、降雨甚至降雪等气象特征。

• 2.3.2 寒潮的影响因素

寒潮的形成与冷空气团的活动和大气环流有关，其主要影响因素有：

① 冷空气团的快速移动。寒潮是由极地或高纬度地区的冷空气团向低纬度地区快速移动引起的。这种冷空气团通常伴随着高压系统的移动。

② 地形和海洋的影响。地形特征如山脉和海洋可以影响寒潮的路径和强度。山脉可以阻挡或加强冷空气的流动，而海洋可以调节冷空气的温度和湿度。

• 2.3.3 寒潮的区域特征

寒潮主要影响亚洲东部、北美洲东部、欧洲东北部和南美洲东南部等地区。亚洲东部的中国、日本、朝鲜等地经常受到寒冷冬季风的影响，冬季气温骤降，可能伴随大风和降雪。北美大陆东部和东北部的地区，如美国东海岸和加拿大大西洋沿岸，经常受到极地冷空气的侵袭，导致冷冻和大雪等现象。欧洲的波罗的海国家和东欧国家经常遭受寒潮的影响，冬季气温骤降，可能伴随大风和降雪。南美洲的阿根廷、巴西南部和乌拉圭等地区在冬季经常受到南极冷空气的影响，引发低温和寒潮事件。

2.4 海平面上升

Sea level rise

• 2.4.1 海平面上升的概念与成因

海平面上升是指地球上海洋表面随时间逐渐上升的现象。引起海平面上升的原因主要有：

① 热膨胀。随着地球变暖，海水温度上升，导致海水膨胀。这种热膨胀使海水体积增加，从而导致海平面上升。

② 冰川、格陵兰岛和南极冰盖融化。全球气温上升导致冰川和冰盖的融化，冰川和冰盖中的冰水进入海洋，增加了海水的体积，也导致海平面上升。这一过程在极地地区尤为明显。

③ 地质沉降。一些地区可能因地质沉降而导致看似更快的海平面上升。在这些地区，地壳可能下沉，使海水看起来上升更快，尽管全球海平面上升的速度是相对一致的。

• 2.4.2 海平面上升的影响

海平面上升加速了海岸侵蚀过程，海岸线向内迁移，威胁到沿海地区。随着海平面上升，沿海地区的低洼区域更容易受到洪水和风暴潮的影响，可能导致这些地区被淹没。海平面上升还可能导致咸水渗透到地下淡水资源，威胁到饮用水供应。

沿海湿地和珊瑚礁等生态系统对海平面上升非常敏感，这可能导致生物多样性损失和生态平衡破坏。

海平面上升威胁到数百万人口居住的沿海城市和地区。尽管海平面上升看似只影响沿海地区，但实际上的影响比我们想象的要广泛，它可能导致人口迁徙、经济损失和社会不稳定，从而导致更深远的影响。

• 2.4.3 海平面上升的应对措施

常见的应对海平面上升的措施包括：

① 国际气候协议。世界各国已采纳国际气候协议，如《巴黎协定》，共

同努力减缓全球气温上升，从而降低海平面上升的速度。

② 海岸线保护和修复。许多国家正在进行海岸线保护和修复工程，包括修建防波堤、沿海植被恢复和沿海退耕，以减轻海水侵蚀。

③ 提高城市抗洪能力。城市采取措施改善排水系统、建设防洪墙、提高建筑物的防水标准，以减轻海平面上升对城市的影响。

④ 生态恢复和海洋保护区。建立海洋保护区和恢复沿海湿地，以保护生态系统，提高其吸收洪水和潮汐的能力。

⑤ 提高意识和教育。全球范围内的宣传和教育活动有助于提高公众对气候变化和海平面上升的意识，促使人们采取可持续的行动。

这些措施是为了应对全球范围内的海平面上升问题，促使国际社会共同努力，以减轻气候变化对地球的影响。

2.5 台风 Typhoon

• 2.5.1 台风定义与成因

台风是一种气象现象，是一种热带气旋。它的主要特征是极端的低气压中心、强烈的螺旋形风暴和大量的降雨。台风的形成通常需要以下要素：

① 暖海表面温度。台风通常在海水温度达到26℃（79℉）以上的地方形

成，因为温暖的海水提供了足够的热量来加热上升的空气。

② 潜热释放。当暖湿空气上升并冷却时，水蒸气凝结释放出大量的潜热，进一步加热空气，促使气旋发展。

③ 地转偏向效应。地球自转会导致气旋风暴以螺旋状的形式发展，形成台风的眼墙和风眼。

• 2.5.2　台风的影响与防范

台风的极大风速，可以摧毁建筑物、拔起树木和电线杆、卷走轻便物体，其带来的大量降雨，可能导致河流泛滥、山体滑坡和城市内涝。更夸张的是，台风的风暴潮和强风可能导致海岸线侵蚀和海岸城市被淹没。

在台风的防范中，政府和气象部门应建立有效的预警系统，定期监测台风的路径和强度，向公众发布警告信息。在台风来临前，居民应听从当地政府的疏散指令，前往安全的避难所，远离潜在的危险区域。

在台风高风险区域内的建筑物应采取防风措施，包括加固屋顶、窗户和门，以减少风暴损害。居民应储备足够的食品、水和急救用品，以备不时之需。政府应加强河流和海岸线的防洪工程，以减少洪水和海啸的影响。

政府应定期进行台风防范和应急准备的宣传教育，提高居民的防范意识和应急准备水平。

总之，台风是一种危险的自然灾害，但通过有效的监测、预警、防范和公众教育，可以降低其对人民生命财产的影响。及早的准备和行动是减少台风风险的关键。

2.6 龙卷风

Tornado

• 2.6.1 龙卷风的成因机制

龙卷风是一种罕见而突发的强对流天气现象，其小尺度和局部性使其成为天气中的短暂而强烈的事件。龙卷风的形成是由不稳定的气象条件和空气对流引起的，通常伴随着雷暴和积雨云的出现。

龙卷风的结构包括漏斗云和对流系统。漏斗云是从积雨云中伸下的旋转云层，其直径可在几米到千米以上变化。漏斗云内部气压低，带来强烈的水平气压梯度和风速。有时漏斗云可能接触地面，携带水、尘土和泥沙，形成所谓的“龙嘴”。母云是产生龙卷风的积雨云，它决定了龙卷风的移动速度和方向。龙卷风的母云通常是对流云系的一部分，表现为旋转的云墙。

龙卷风具有极高的风速，可达 100～175 m/s，远超过强台风。它的持续时间相对较短，通常不超过 1 h。龙卷风在地表附近的直径很小，通常在 25～100 m，但在罕见情况下可达 1000 m。大多数龙卷风在北半球逆时针旋转，在南半球则顺时针旋转，但也存在例外情况。

龙卷风的生成与强对流天气有关，通常伴随着雷雨云下的旋转气旋的形成。条件包括近地面的风切变、垂直运动和不稳定的能量。雷暴是引发龙卷风的主要原因，其中超级单体龙卷风的强度和规模通常更大。

龙卷风中还有多涡旋龙卷风，它包含次级涡旋，通常发生在主涡旋接触地面后。水龙卷是水上的龙卷风，而陆龙卷是陆地上的非超级单体龙卷。还有一种名为火龙卷的天气现象，它是火焰和旋风的结合。

• 2.6.2 龙卷风的区域分布与应对防范

龙卷风全球分布广泛，美国是最频繁发生龙卷风的国家，约占全球龙卷风总数的75%。其他发生频率较高的国家和地区包括加拿大、欧洲、中国、孟加拉国、日本、澳大利亚、新西兰、南非和阿根廷等。

龙卷风的检测和预报存在难点，因为它们的直径小、持续时间短、形成环境复杂。因此，预防及应对措施包括及早发现龙卷风迹象，寻找坚固的躲避地点，避免靠近窗户和外墙，远离大树、电线杆等危险物体，切断电源，采取自救和互救措施。龙卷风是一种强烈而神秘的自然现象，难以预测，破坏性强，来无影去无踪的特征更加使其蒙上了一层神秘的色彩。

2.7 沙尘暴

Sandstorm

• 2.7.1 沙尘暴的定义与成因

沙尘暴是一种天气现象，指的是强风将地面的尘沙吹起，导致空气变得浑浊，使水平能见度降至不足1000 m。沙尘暴的形成受到自然因素和人类活动的共同影响。自然因素包括大风、降水减少等，而人类活动因素则包括对植被的过度破坏等。沙尘暴主要发生在冬春季节，因为这个时候半干旱和干旱地区降水稀少，地表干燥脆弱，难以抵御大风的侵袭，从而导致大量沙尘被卷入空中，形成沙尘暴。

在中国，沙尘暴主要集中在北方地区，包括南疆盆地、青海西南部、西藏西部、内蒙古中西部和甘肃中北部等地，这些地区每年沙尘暴的日数超过10天，有些地区甚至超过20天。

沙尘暴的形成需要三个重要条件：地面上的沙尘物质，强风作为动力，不稳定的热力条件。强风将沙尘卷起，形成沙尘暴，而不稳定的热力条件也是沙尘暴发生的关键因素。此外，土壤中的硅酸盐在干旱和气温升高的条件下会失去水分，形成带有负电荷的气溶胶，这也是沙尘暴形成的原因之一。

• 2.7.2 沙尘暴的危害与生态效益

沙尘暴是中国西北和华北北部地区频繁出现的强灾害性天气，给人们带来了巨大的危害。它可严重污染自然环境，损害农作物生长，导致房屋倒塌、交通受阻、火灾、人畜伤亡等严重后果，对国民经济和人民生命财产安全造成了极大的威胁。其主要危害包括：

① 污染环境，危害人体健康。沙尘暴带来的沙石和浮尘在空中四处飘散，使空气浑浊，让人感到不适，增加呼吸道疾病的风险。例如，1993 年金昌市的沙尘暴导致室外空气含尘量超过国家标准的 40 倍。

② 生产生活受影响。沙尘暴降低了太阳辐射，使天气阴沉，影响了人们的心情，降低了工作效率。它还对牲畜和作物造成危害，导致牲畜死亡、农田被侵蚀，影响光合作用，导致作物减产。沙尘暴经常影响交通安全，导致飞机无法正常运行，汽车和火车发生事故。沙尘暴引发了土壤风蚀和沙漠化，使土壤肥力降低，破坏了地表层土壤，影响了植物生长。

然而，沙尘暴也有一些生态效应。沙尘暴带来的沙尘中含有铁等养分，为海洋中的浮游生物提供了重要的营养来源，有助于减缓温室效应。沙尘暴将内陆土壤中的养分带到遥远的地方，如亚马孙热带雨林，沙尘暴中的颗粒含有有助于植物生长的成分，有助于雨林的生态平衡。沙尘暴还可以抑制酸雨，沙尘暴中的成分可以中和酸雨中的氢离子，减轻酸雨的危害，对北方地区的降水 pH 有积极影响。

因此，我们需要更深入地了解异常沙尘暴频率的机制，以发挥其积极的生态效应，减轻其对环境的危害。

2.8 雷暴 Thunderstorm

• 2.8.1 雷暴的定义与成因

雷暴是常出现在春夏之交或炎热夏天的气象现象。在这种时候，大气层结不稳定，容易导致强烈的对流活动。云层内的电荷积累到一定程度时，会产生放电现象，这就是我们常见的闪电和雷声。雷暴天气通常伴随着大风、阵性降雨和冰雹，雷暴的发生和消散都具有很强的局地性和突发性。

雷暴的生成机制与积雨云的发展密切相关。积雨云发展迅猛，云层上部常有冰晶存在。云的上部为正电荷，中下部为负电荷，下部前方的上升气流中存在一小片正电区。这导致云的上下部之间存在电势差，当电势差达到一定程度时，就会发生放电，形成闪电。在放电过程中，闪电路径的温度急剧升高，导致空气膨胀，产生冲击波，进而引发强烈的雷声。

• 2.8.2 雷暴的分类、分布区域特征与预防

雷暴可以分为三种主要类型：单体雷暴、多单体雷暴和超级单体雷暴。它们的特征取决于大气的不稳定性和不同层次的风速。单体雷暴通常在大气不稳定但没有风切变的情况下发生，持续时间较短。多单体雷暴是由多个单

体雷暴组成的，可能伴随着阵风带的形成。超级单体雷暴通常在风切变极大的条件下发生，具有最大的破坏力，可能导致龙卷风的产生。

雷暴是一种全球性的天气现象，尤其在中低纬度地区，如在热带雨林以及亚热带和温带地区的夏季，经常出现。美国中西部和南部的某些州也常常受到强烈雷暴的影响。然而，在南美洲的智利北部的阿塔卡马沙漠却从未经历过雷暴，因为那里的气候干燥，难以形成雨云。

雷暴经常对飞行安全构成严重威胁。雷暴可能导致湍流、颠簸、积冰、闪电、暴雨等危险。飞机误入雷暴区域，可能面临严重的危险，甚至导致飞行事故。此外，雷暴云中的上升和下降气流对飞行也构成威胁。

为了避免雷暴的危险，人们应采取一系列预防措施，如留在室内、避免水上活动、不使用电器、远离金属装置、不淋浴、不处理易燃物品等。同时，飞行人员需要特别警惕雷暴可能带来的危险，并密切关注天气信息。

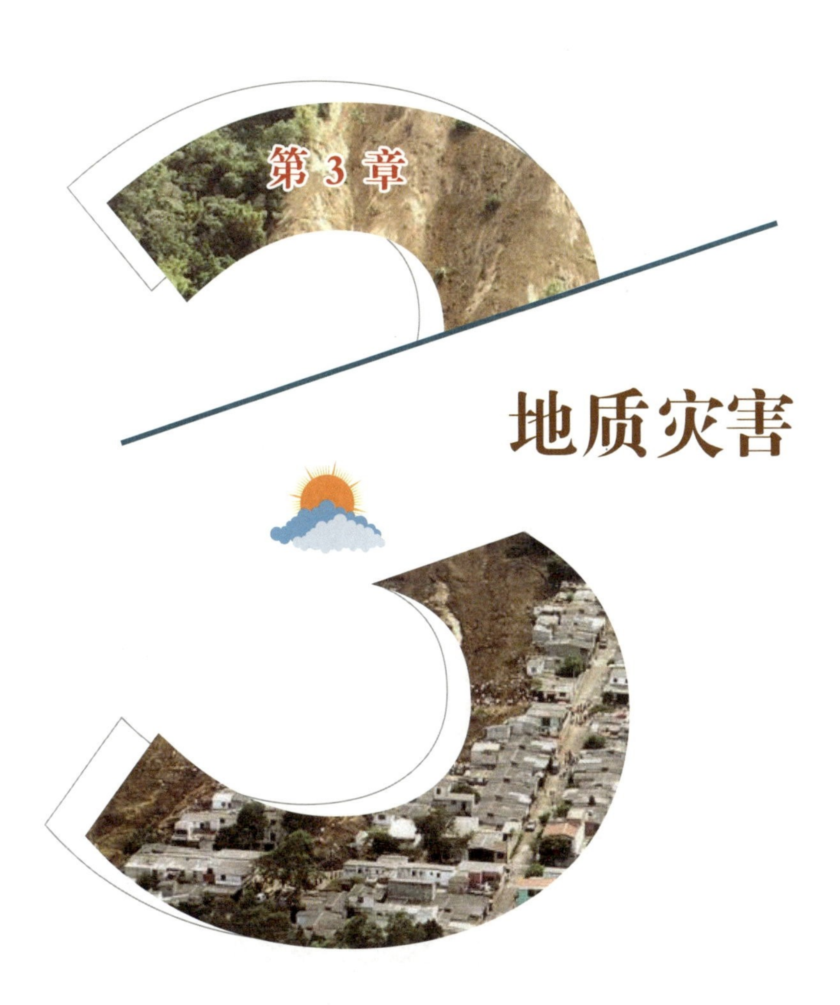

第3章 地质灾害

3.1 地震灾害

Earthquake

• 3.1.1 地震的定义、成因及类型

地震就是地球表层的快速振动，在古代称为地动。就像海啸、山洪、闪电、山崩、火山爆发一样，地震是地球上常发生的自然现象。地震也是地球内部存在巨大能量的证明。

地震的成因相当复杂，在近现代科学求证之前，人们对地震有过很多想象。古印度人认为，地球是由站在大海龟背上的几头大象背负着的，它们分别是过增、清净、增长、耳明，这四头大象只要晃动大地，就会引发地震。在古希腊传说中，海神波塞冬同时也是地震之神，这是因为希腊文明区海岸破碎，地震常常伴随着海啸的发生。18 世纪，日本有书谈及鲶鱼与地震的关系时，认为大鲶鱼卧伏在地底下，背负着日本的国土，当鲶鱼发怒时，就将尾巴和鳍动一动，于是造成了地震。而在我国民间流传着这样一个传说：地底下有一条驮着大地的大鳌鱼，时间久了便要翻下身，于是大地抖动起来，鳌鱼翻身就是地震了。

随着近现代物理体系的完善以及观测数据的增多，地震成因的理论也不断科学化。一般认为，地震是因为地球内部岩石所承受的应力超过了岩石的强度，岩石发生破裂而产生的。地壳的岩石具弹性，可发生弹性形变。初始

状态下的岩石受应力变形，如果在岩石的弹性应变范围内，则不会释放能量，转化为应变的形式，能量则随应力和应变不断增加、积累。当应力变形超出岩石所能承受的弹性形变范围时，岩石便会发生破裂，导致振动，进而产生地震（图 3-1）。这种解释理论称为弹性回跳理论。

大多数地震与地壳内部岩石破裂有关，但在一些地震中，与断裂之间的联系可能很难建立。一些地震，比如 1994 年的加利福尼亚州北岭地震和 2010 年的海地地震，都发生在没有造成地表位移的被埋藏的逆冲断层上。

地震按其发生原因可分为陷落地震、火山地震、构造地震和人为地震。

陷落地震由地面塌陷、山崩等地质作用引起，多发生于易受岩溶作用影响的石灰岩地区或存在空洞、洞顶失去支撑力而塌陷的矿区，其引起地表振动导致地震。山崩也会引发地震，此类地震规模较小，影响范围也较小。

火山地震由火山活动引起，其分布于火山活动范围。火山爆发前受岩浆运动影响，地壳应力改变，引起地震，喀拉喀托火山地震（印度尼西亚群岛，1833 年 8 月 27 日）是火山地震中最大的地震。它位于爪哇岛与苏门答腊岛之间的巽他海峡。

构造地震由岩石圈构造运动引起，是地球上数量最多、规模最大的地震类型。其活动频繁、持续时间长、分布范围广。构造地震是对人类生产生活危害最大的一种地震灾害。其数量占全世界地震的 90% 以上。

人为地震是由人类活动引起的地震，例如修建大型水坝、开采石油和天然气以及在地下处置库中处置废物。这些活动可能会改变地壳的压力，并在其他稳定的地区引发地震。

地震按其震源深度分为浅源地震、中源地震和深源地震。浅源地震震源深度＜70 km；中源地震震源深度 70～300 km；深源地震震源深度＞300 km。

具有破坏性的地震通常为中浅源地震。汶川大地震就是浅源地震，其震源深度在 10～20 km。

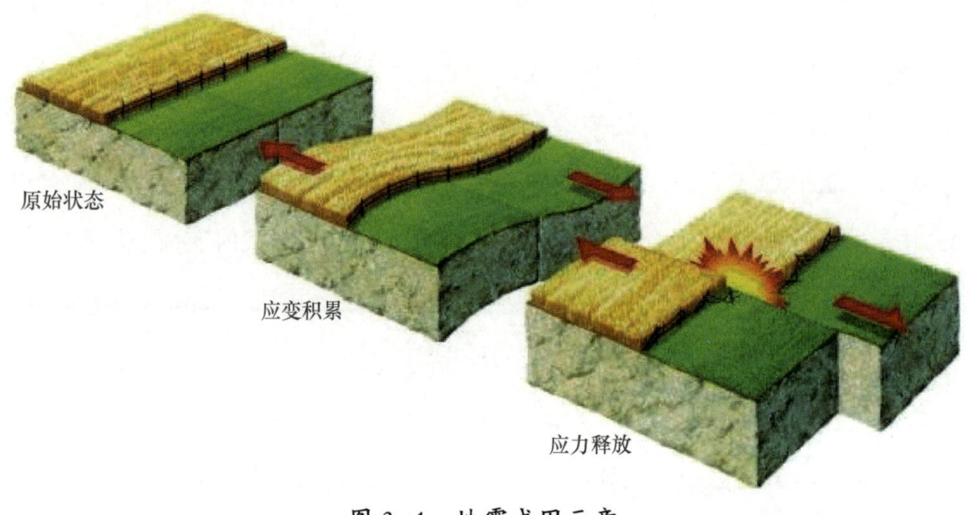

图 3-1 地震成因示意

• 3.1.2 地震波与震源定位

地震波是指以地震为能量来源的波动。按照波的传播方式，地震波分为体波和面波。

体波按质点振动方向分为纵波和横波。纵波（P 波）是最早到达地面的波。纵波所影响的质点会平行于其传播方向振动。在岩石介质中，纵波的传播速度公式为

$$v_{\mathrm{p}}=\sqrt{\frac{K+\frac{4}{3}G}{\rho}}=\sqrt{\frac{(1-\upsilon)E}{(1+\upsilon)(1-2\upsilon)\rho}}$$

其中，K 为体积模量，G 为剪切模量，ρ 为介质密度，E 为杨氏系数，υ 为泊松比。

横波（S 波）较纵波到达地面晚。横波所影响的质点会垂直于其传播方向振动。在等向性介质中，横波的传播速度公式为

$$v_s=\sqrt{\frac{G}{\rho}}=\sqrt{\frac{E}{2(1+v)\rho}}$$

其中，G 为剪切模量，ρ 为介质密度，E 为杨氏系数，v 为泊松比。

面波较体波最晚到达地面。面波是地震波产生的波，由纵波和横波批次干涉叠加而产生，其深度较浅，但震幅很大，故对地面破坏最大。面波频散是面波的重要特征。频散是指面波的波速会随频率变化而变化。在震动图上，面波频散会导致面波由低频至高频依次排列的现象。这是因为面波频率越低，其波速越快，反之亦然。面波通常分为瑞利波和勒夫波。瑞利波由纵波和横波干涉形成。勒夫波由横波相互干涉形成。

理论上，已知三个观测站位置可得到震中位置，但实际上会使用大量观测站的数据来计算震源。通常因为地震波速度会随地球深度增加而增加，根据惠根斯–菲涅尔原理，地震波会倾向绕走需时较短的地下路线。大森公式是常见的地震距离计算方法，于 1899 年由日本地震学家大森房吉提出，其原理基于纵波和横波的波速不相等。在此原理上，只要知道首波时间，由已知的纵波和横波波速，可推出震中距离 r，公式为

$$\frac{r}{v_s}-\frac{r}{v_p}=t$$

其中，v_p 为纵波速度，v_s 为横波速度，t 为走时差。可以将其简化为

$$r=t\cdot\frac{v_s v_p}{v_p-v_s}=k\cdot t$$

其中，k 为大森系数，常取 6～8 km/s。得出观测点距离后，将各个观测点的结果，以震中距离为半径，观测点为圆心做圆，其交点为震中。

• 3.1.3　地震震级及其与能量的关系

地震震级是用来表示地震所释放能量大小的度量。20 世纪，美国地震学家里克特提出了近震震级标度，也就是里氏地震强度表。地震震级是标准地震仪在距离震中 100 km 处所记录的最大振幅的对数值，振幅以 μm 为单位。震级能量 E 与振幅 M 的关系为

$$\lg E = 11 + 1.6M$$

地震能量每相差一个能量级便相差约 31.6 倍（表 3−1）。

表 3−1　震级与能量的关系表

震级	能量 / 尔格
1	2.0×10^{13}
2	6.3×10^{14}
3	2.0×10^{16}
4	6.3×10^{17}
5	2.0×10^{19}
6	6.3×10^{20}
7	2.0×10^{22}
8	6.3×10^{23}
9	2.0×10^{25}
10	6.3×10^{26}

矩震级

地震震级度量除了里氏震级，还有矩震级。矩震级被用来测量中大型地震，其用于测定地震所释放的能量。矩震级根据断层的平均滑移距离、滑移断层面的面积和断层岩石的强度来计算结果。

• 3.1.4 地震烈度与中国烈度表

从古至今，人类一直在寻求衡量地震的方法，但碍于早期观测手段的落后，人类只能采取宏观的调查方式。16 世纪，意大利地图学家加斯塔尔第在地图上用各种颜色标注滨海阿尔卑斯地震影响和破坏程度不同的地区，这便是地震烈度概念和烈度分布图的雏形。17 世纪和 18 世纪，烈度以 4 度划分。19 世纪出现了按 10 度划分的烈度表。19 世纪后期，意大利的罗西和瑞士的弗雷尔于同一时期联合发表了他们的烈度表，称为罗西–弗雷尔地震烈度表（R-F）。德国的西伯格对此进行改进，创建出当时最完备的 12 度烈度表，称为西伯格地震烈度表。20 世纪初期，形成了麦加利–坎卡尼–西伯格地震烈度表，称为 MCS 地震烈度表。

后来世界各国根据当地实际情况对之进行修改。20 世纪，美国的伍德和纽曼提出修订 MCS 地震烈度表。20 世纪中期，苏联的梅德韦杰夫改进了 MCS 烈度表，采用弹性球面摆的最大相对位移作为烈度参考指标，并于 1964 年与德意志民主共和国的施蓬霍伊尔和捷克斯洛伐克的卡尔尼克共同制作了梅德韦杰夫–施蓬霍伊尔–卡尔尼克地震烈度表，称为MSK地震烈度表，后受到欧洲地震委员会推荐使用。

我国为了制定衡量建筑物破坏的量化参考指标，引入了震害指数这一概念，并制定了中国地震烈度表（表3–2）。

表3–2 中国地震烈度表

烈度级	破坏程度
一级	无感，仪器可记录
二级	个别非常敏感，完全静止的人有感
三级	室内少数静止的人可感到震动，可见悬挂物有些摇动
四级	大多数人有感，悬挂物摇动，紧靠在一起的不稳定器皿作响
五级	室内几乎所有人和室外的大多数人有感，一些人从梦中惊醒，悬挂物明显摆动，不稳定器物翻倒或落下，开着的门窗摇动，灰墙上可能出现裂缝
六级	很多人从室内逃出，立足不稳，家禽家畜外逃，盆中的水激烈震荡并溅出，轻家具发生移动，有些破旧建筑物可能受损，疏松的土地上可能出现裂纹
七级	人从室内惊惶逃出，悬挂物强烈摇晃，架上书籍、器皿落地，砖木结构民房损坏，坚固的房屋亦有损坏，地下水位可能有变化，并可能从裂缝中冒水、喷沙等
八级	人很难站立，坚固的房屋也会出现倾倒，孤立的建筑物有损坏、移动、倾倒等现象，地面出现10 cm的裂缝，山区有山崩发生，有人员伤亡情况
九级	坚固房屋大部分遭破坏、部分倾倒，地下管道破裂，地裂缝很多，发生山崩、滑坡
十级	坚固房屋许多倾倒，地裂缝成带出现、长度可达数千米，铁轨弯曲，河、湖产生拍岸浪，山区发生大量山崩、滑坡
十一级	房屋普遍毁坏，山区大规模崩滑，地表产生相当大的水平和垂直错动，地下水位激烈变化
十二级	地表强烈变形，地下水位剧烈变化，建筑物遭毁灭性破坏

• 3.1.5 地震发生的频率与周期

地震灾害会导致人员伤亡和财产损失，对人类生产生活造成很大影响。摸清地震的“脾气”，预测下一次地震的发生，就得知道地震发生的频率与周期，从古至今这都是相关工作者急切破解的问题。

通过对历史地震和现今地震资料的分析，地震活动在时间上的分布不是均匀的：地震活动活跃期地震较多，震级较大；地震活动平静期地震较少，震级较小。这体现出地震活动的周期性，地震活动周期可分为几百年的长周期和几十年的短周期，不同地震带活动周期也不同。

2017 年世界 5 级以上地震共发生 2270 起，2021 年世界 5 级以上地震共发生 2206 起，这两年数据接近，且较其余年份多，然而对于地震发生的频率与周期，我们仍然很难预估。中国地震局地质研究所副研究员马文涛在龙门山地震后指出“在研究地震方面，人类还是小学生”。当然，在多年来的现代地震学研究和数据获取下，世界各地在地震发生的频率与周期上已有了很多进展，有日本学者建立模型，且其计算结果和很多历史大地震相吻合，且近年来很多成功预测的地震也表明，中长期地震发生的频率与周期是有规律可循的。

• 3.1.6 世界地震带的分布与板块构造背景

地震时，绝大多数的能量于很小的区域通过地震释放。地震活动大多数发生在板块边界，大多数地震集中在构造活动带，全球地震主要分布在四个地震带上：环太平洋火山地震带、地中海–喜马拉雅地震带、大洋中脊（海岭）地震带和大陆断裂地震带。

环太平洋火山地震带的范围在太平洋西部，大致从阿留申群岛，往西沿堪察加半岛、千岛群岛、日本诸岛、琉球群岛、菲律宾群岛、新几内亚岛，往南至新西兰；在太平洋东部、大致从阿拉斯加东岸，往南经加利福尼亚、墨西哥、秘鲁，沿智利至南美洲最南端。环太平洋火山地震带大致沿太平洋板块边界分布。这一范围同时也是著名的火山活动带，故称之为环太平洋火山地震带。全世界约 80% 的浅源地震、90% 的中源地震和几乎所有的深源地震都发生在这一区域。

地中海–喜马拉雅地震带横跨亚欧大陆，故也称欧亚地震带。其范围自葡萄牙、西班牙和北非，往东经过意大利、希腊、土耳其、伊朗至帕米尔高原北侧，至中国西北和西南，南沿喜马拉雅山和印度北部，经苏门答腊岛、爪哇岛至新几内亚岛，与环太平洋火山地震带相连。地中海–喜马拉雅地震带大致沿欧亚板块–非洲板块边界、阿拉伯板块–欧亚板块边界、印度洋板块–欧亚板块边界、菲律宾板块边界分布。除环太平洋火山地震带外的浅源地震多发生在这一区域。

大洋中脊（海岭）地震带包括各大洋的三个地震带，即大西洋中脊地震带、印度洋海岭地震带和东太平洋中隆地震带。大西洋中脊地震带的范围从斯匹次卑尔根岛，经冰岛往南沿亚速尔群岛、圣保罗岛至南桑威奇群岛、瑟维尔岛，沿大西洋大洋中脊分布，往西与印度洋南部分支相连。印度洋海岭地震带的范围从亚丁湾，沿阿拉伯–印度海岭，往南至中印度洋海岭，往北于地中海与地中海–喜马拉雅地震带相连，往南至南印度洋分为两支，东支往东南经澳大利亚南部，于新西兰与环太平洋火山地震带相连，西支往西南经非洲南部与大西洋中脊地震带相连。东太平洋中隆地震带的范围从加拉帕戈斯群岛往南至复活节岛分为两支，东支往东南于智利南部与环太平洋火山地震带相连，西支往西南于新西兰南部与环太平洋火山地震带和印度洋海岭地震带相连。大洋中脊（海岭）地震带大致沿大洋中脊分布，以浅源地震为主。

大陆断裂地震带的范围在一些区域性断裂带或地堑构造带，主要有东非大裂谷断裂带、红海地堑、亚丁湾及死海、贝加尔湖和太平洋夏威夷群岛等。大陆断裂地震带以浅源地震为主。

世界上最容易发生地震的地方

世界上最容易发生地震的地方位于美国加利福尼亚州的一个小镇帕克菲乐德。过去的150年里，这个小镇平均每22年就会经历一次6级以上的地震，这让很多人背井离乡。

3.1.7 中国地震带的分布

我国地处太平洋板块、欧亚板块、印度洋板块等大板块交界处，至少有495个地震断裂带。影响我国的地震主要为浅源地震。我国主要分布有四个地震区：华北地震区、青藏高原地震区、天山–阿尔泰地震区、台湾地震区。

华北地震区的范围在燕山、阴山以南，秦岭以北、贺兰山以东。华北地震区大致处于华北克拉通的范围。

青藏高原地震区的范围南起喜马拉雅山，北至祁连山、阿尔金山，东至川西、滇东，西至帕米尔高原。

天山-阿尔泰地震区的范围在天山-贝加尔地震区内。天山-贝加尔地震区的范围西起中亚东部，经新疆北部，往东至贝加尔湖东北部，可能延伸至鄂霍次克海，呈北东向分布。天山-阿尔泰地震区于我国境内分为南天山、北天山和阿尔泰三个地震带。

台湾地震区的范围在我国台湾地区和东南沿海。台湾地震区分为台湾东部地震带、台湾西部地震带和东南沿海地震带。

3.1.8 中国地震灾害简史

我国地处世界两大地震带——环太平洋火山地震带和地中海-喜马拉雅地震带附近，地震活动频繁，有史以来，我国有人员伤亡的地震记录就达400余次，造成了巨大的人员伤亡和财产损失。

中国的地震记录始于公元前1831年，《竹书纪年》记载了公元前23世纪三皇五帝时期中国中原地区的一场地震，这也是有记录的世界上最早的地震之一。1950年墨脱地震是中国有观测记录以来规模最大的地震，其矩震级达到8.6级，最大烈度则可能达到中国地震烈度表十二（Ⅻ）度。而1556年嘉靖大地震则是世界历史上造成人员死亡最多的地震，据记载造成至少83万人死亡（不包括没有登记户口的居民），失踪和无家可归者不可胜数。此外，1303年洪洞赵城地震、1920年海原大地震、1976年唐山大地震都造成了 20 万人以上死亡（表 3-3）。

表 3-3 我国的一些地震

年份	位置	死亡人数 / 人（估）	震级	说明
512	山西	5310	7.5	代县地震
1290	内蒙古	约 100 000	8.0	渤海地震
1411	西藏	无数据	8.0	前一夜有前震
1556	陕西	约 830 000	8.3	嘉靖大地震，地震灾害史上死者最多的地震
1786	四川	100 446	7.8	康定·泸定地震，因震后山洪导致死亡人数达上万人
1920	宁夏	234 117～273 400	8.5	海原地震，死亡人数位居史上第五位
1976	河北	242 769～655 237	7.8	唐山大地震，死亡人数位居史上第四位

我国海峡两岸暨港澳均有较完善的地震观测体系，地震观测历史也较为悠久。早在公元 132 年，地质学家张衡就研制出了世界上第一部验震器“候风地动仪”（图 3-2）。1930 年在北平设立的鹫峰地震台则是中国首个自行建设的现代地震观测台。当前，我国的国家地震观测机构是中国地震局，负责中国的地震监测和科学研究工作，并在全国布设了地震台网，监测记录全球的地震活动情况。中国地震局采用面波震级和中国地震烈度表度量地震规模和烈度。

图 3-2 古籍记载中的候风地动仪

• 3.1.9　地震灾害的特点与地表破坏表现

地震灾害是地球上主要的自然灾害之一，会对人类生产生活造成很大的影响。人们通常对里氏 4 级以上的地震有明显震感。在防震措施较差的地区，里氏 5 级以上的地震可能造成人员伤亡。地震灾害可直接影响地表，破坏建筑，同时也可能造成一些次生灾害，如海啸、山体滑坡等。余震会使其破坏作用加剧，给人类社会带来不可磨灭的伤害。地震灾害的特点包括瞬时发生、破坏严重、难以预报等。

地震灾害对地表的破坏表现在地震震动的直接破坏（地体破坏）、液化作用（土体破坏）、山体滑坡和地面沉降（岩体破坏）。

地震释放的能量沿地表传播，传播方式包括上下运动和左右运动，导致地表振动。建筑物的损坏情况取决于以下几个因素：地震烈度、地震持续时间、物质性质和建筑材料性质及其施工方法。改变建筑结构是目前减少地震灾害程度的一种有效方式，木质结构建筑较其他结构抗震能力好，木板和砖块结构的房屋而非钢筋混凝土结构的建筑更易受到地震灾害的威胁。

地震的振动会造成松散堆积的饱和含水物质转化为类液体物质。这种使较稳定的土壤转变为可上升至地表的液体土壤的现象，称为液化作用。液化作用发生时，地表无法支撑建筑，地下储油罐或管道可能直接浮于地表。2003 年巴楚–伽师地震期间，在人口密集的冲积平原地区，发生了液化作用。由于该地区地下水埋深浅，土质疏松（地基下广泛分布粉砂、细砂），导致地震中“喷水冒砂”的地震灾害十分显著。

由地震引发的山体滑坡和地面沉降是损害地表最大的地震灾害。2008 年 5 月 12 日 14 时 28 分，以四川汶川为震中发生了里氏震级 8.0 级大地震，造成了巨大的人员伤亡和经济损失。这次地震中，地震诱发的次生地质灾害非常发育，这是山区发生特大地震形成的典型现象。采用遥感和实地调查相结合的方法，在约 48 678 km^2 的地震滑坡影响区域内，解译调查出汶川地震诱发滑坡灾害 48 007 个，覆盖面积约 71.8 km^2。实际数字可能高于该统计结果。据灾情较重的四川、陕西和甘肃 3 省地震灾区的 84 个县（市）调查统计，共排查出重大地质灾害点 8000 余处，其中滑坡 4000 余处，崩塌 2000 余处，泥石流 500 余处，其他地质灾害 1000 余处。地质灾害共影响 1 093 667 人。

地震对河流的影响

1811—1812 年美国新马德里地震期间，地表下沉了 4.5 m 以上，并在密西西比河西部形成了圣弗朗西斯湖，扩大了里尔富特湖的水域。而其他地区地表则被抬升，并在密西西比河上形成了暂时性的瀑布。

• 3.1.10 地震灾害的次生灾害特点

次生灾害是指地震发生后引起的一系列灾害。地震灾害的次生灾害包括火灾、海啸、山洪、物质泄漏等。

地震后发生的火灾会对燃气管道和输电线路造成损坏，进而加强火灾，使之难以控制。很多时候，火灾会比地震造成更多的人员损失，特别是在人口密集的城市内。

海底地震会诱发海啸。大部分海啸由大型冲断层抬升的大洋板块引发。海啸会以一种极快的速度前行，而人们无法于开阔海面检测到海啸，因为此时海啸的振幅会小于 1 m，且波峰距为 100～700 km。海啸进入浅海后，其高度会达到数十米，给沿岸人民和建筑带来极大的损害。2004 年 12 月印度尼西亚地震所诱发的海啸造成约 30 万人死亡，给印度洋沿岸国家带来了巨大损害。

次生灾害有突发性强、破坏性大、影响持久、难以预防和危害大等特点。地震发生十分迅速，一次地震持续时间短，可以在几秒甚至几十秒内产生大量能量，一次大地震相当于几百颗原子弹的能量，同时产生的次生灾害也让人防不胜防，对社会经济带来二次伤害。地震波到达地表后，对地表的建筑设施造成破坏，如若发生在城市里，将对地表造成严重影响，其所造成的社会损失难以估量。主震后的余震会在一定的时间内造成影响，震后，次生灾害对社会经济的损失、对人员心理的打击更是持久的。与其他灾害相比，地震由于其突发性强，预测十分困难，次生灾害的发生也具有极大的不确定性，且人员财产难以在短时间转移，因此地震和次生灾害的预测是一个全球性的课题，仍需要社会长期艰苦的努力。

• 3.1.11　地震灾害特征

地震灾害特征是指相关地质条件，包括与震中距、断层带空间位置、建筑设施抗震标准、灾害发生地沉积覆盖等地质条件的关系。

以汶川地震为例，汶川地震后，新增地质灾害点较多的县在空间上主要沿龙门山断裂带呈带状分布。进一步的现场调查发现，地形坡度由缓变陡的过渡转折部位、单薄的山脊部位、孤立山头或多面临空的山体部位等微地貌对地震波有放大作用。地震地质灾害在各类岩层中均较发育，但最为发育于岩浆岩、碳酸盐岩、砂砾岩等硬岩地层；砂板岩、千枚岩、泥页岩等软岩发育密度次之。实际调查表明，两类岩性中所发生地质灾害的类型也有一定的差别，硬岩地层中通常发生崩塌类型的灾害，而软岩地层中多为滑坡。

• 3.1.12 地震灾害的监测、预测及防治技术手段

目前对地震灾害的监测主要依靠中国数字地震观测网络。地震波是一种弹性波，可被仪器测量、记录，东汉时期，就有张衡发明的地动仪，用以指示地震发生的方向。现在，在我国政府的大力推动下，中国地震监测系统全面完成了从模拟记录向数字记录的转变，建成了由国家数字地震观测系统、31个区域数字地震台网、六个火山地震台网组成的数字地震观测系统，标志着中国的地震观测已经进入了数字时代。近年来，信息技术的发展，人工智能对地震灾害的监测也起了积极作用。

地震灾害的预测是指同时给出未来地震的位置、大小、时间和概率这四种参数，每种参数的误差需在一定范围内：位置误差≤±破裂长度；大小误差≤±0.5破裂长度或震级±0.5级；时间误差≤±20%地震复发时间；概率误差≤预测正确次数/（预测正确次数+预测失误次数）。地震预测通常分为长期（10年以上）、中期（1～10年）、短期（1日至数百日及1日以下）。

地震发生前，常常可观测到一些相关异常，比如区域地球物理性质变化、区域大气成分变化等。这些异常称为地震前兆，通常认为这些前兆可能指示地震发生，目前科学家在致力于确定这些地震前兆是否一定会在地震发生前出现。

地震预测存在着许多困难。地球是非静态的，地球状态时时刻刻在改变。地球内部复杂，人们难以探寻其深处。大地震稀少，其复发的时间间隔已超过人类和仪器的寿命。同时，地震物理过程是极其复杂的，地震从发生到结束都伴随着复杂的物理过程，这对仪器的考验很大。然而，地震并不是完全不可预测的。近年来的一些实验，已经实现了理论上对大地震进行建模，其计算结果与历史大地震数据吻合。

加强预测预警和提高应急能力是防治地震灾害的重要手段。目前我国已建成由 400 多个测震台组成的全区台网和 20 多个区域遥测台网。除西藏自治区的西部和北部外，已经都可以测定里氏震级 3.5 级以上地震，重要地区已经可以测定里氏震级 2 级以上地震。卫星技术在地震预测预警和防治方面有着广泛应用前景。“九五”期间，我国就已开展了关于卫星遥感测震的研究，近年来的相关研究与建设也在加快这项技术的广泛应用。地震灾害发生十分迅速，同时由于其对通信、交通的破坏，救援者和相关工作人员难以及时反应并采取行动，故加强地震的紧急救援通信、判断系统是极其重要的。建立地震灾害模拟仿真系统，目的是建立地震和灾害的信息库，开展震害预测和地震预防，将震灾模拟仿真结果于网络公布。该技术可将地震学、工程科学和社会经济学的结果综合运用，预测未来地震灾害的大小和空间分布，并指出易受灾地区和危险地区。中国地震局分析预报中心智能预测实验室研制了快速震害预测与损失预估专家系统。该系统分为两个子系统，提供完整的有关地震的烈度、灾害及损失预测与评估的最终结果。地震发生时，震区的通信系统遭受破坏。为保证地震现场的有效与及时通信联系，需建立一个有效的应急通信技术来应对各种条件。地震现场应急通信技术系统及装备的总体要求是：高速数据通信链路；以无线通信为主的应急通信系统；通信网络系统；现代化通信系统。

应急管理专业与应急管理大学

为更好地加强我国对灾害的防治，2018年，应急管理部挂牌成立。2020年，高校设立应急管理本科专业，从应急管理专业的课程设置来看，主要包括安全科学与工程、地球物理、管理科学与工程、公共管理和国家安全学。从2020年开始筹建的应急管理大学，将由华北科技学院和防灾科技学院合并而成，应急管理大学（筹）将成为培养应急管理高层次人才的高地，给应急管理现代化提供理论支撑和智力支持。

3.2 火山灾害

Volcanic hazards

• 3.2.1 火山的定义与成因

古希腊人和罗马人生活在地中海–喜马拉雅地震带上，对火山地震活动十分熟悉。在古希腊神话里，火山爆发是由泰坦造成的。泰坦巨人与奥林匹斯诸神战斗，在可怕的战斗中他们震撼了地球。发动战争的泰坦巨人“提丰”是塔尔塔罗斯和盖亚的儿子，为了惩罚他的无礼，诸神将他囚禁在埃特纳火山下面。但是他并没有放弃。他的尖叫声和哭声在几英里外都听得到，他在愤怒中摇动着大地，白炽的呼吸从火山口冒出来。罗马人继承了这一故事，在罗马神话中，将提丰改为恩克拉德，将火神赫菲斯托斯改为沃尔坎。

火山是由岩浆库内岩浆及挥发物和碎屑从地壳中喷出形成的，是具特殊形态的地质结构。

火山可分为活火山、死火山和休眠火山。活火山是指现代仍在活动的火山，例如，意大利的维苏威火山、墨西哥的波波卡特火山、美国的基拉韦厄火山。死火山是指自晚更新世以来没有活动的火山，例如，山西大同火山群。休眠火山是指一些近期没有活动的活火山，例如，日本的富士山。

火山的成因主要受板块运动影响，火山常形成于岩石圈较破碎的板块交界处。火山可形成于消亡边界，消亡边界处于板块相互挤压碰撞的位置，地底的高温与高压会熔融岩石，形成岩浆。岩浆借浮力上升，形成岩浆库，当岩浆中的气体累积到一定程度，火山喷发。例如，圣海伦斯火山、富士山。火山可形成于生长边界，生长边界位于板块与板块分离的位置，地幔中的高温物质受挤压上升，形成海底火山，当其位于海平面以上时，形成洋中脊火山岛。例如冰岛。火山可形成于热点处，通常认为热点由地幔底部上升的地幔热柱造成。当板块于热点上水平运动时，便会挤压使其上升，形成火山，大多数火山岛都由这一类火山发育而来。例如，加拉帕戈斯群岛、夏威夷群岛。

泥火山

泥火山是由多种地下液体或气体喷出形成的，通常以泥浆的形式出现。泥火山可分为陆上泥火山和海底泥火山。泥火山产出的气体，约20%为甲烷，并混杂有少量二氧化碳和氮，有的还含有液态碳氢化合物。泥火山除外形与火山相似，其内部结构也几近相同，而且其喷发原理也与火山相似，地下泥浆承受压力，从地表薄弱处喷出。然而，我们通常认为泥火山不是火山，是一种特殊的地貌。

• 3.2.2　火山的地貌特征与分类

火山地貌是指由火山喷发的岩浆和固体碎屑堆积的地貌。火山地貌包括火山锥、火山口、火山喉管。

火山锥可根据其内部构造和物质组成，分为火山碎屑锥、火山熔岩锥、火山混合锥和火山熔岩滴丘。火山碎屑锥是火山喷发时，固体喷发物与高温气体一同喷出，最后冷却掉落，堆积形成的一种火山地貌。由于火山喷发不止一次，火山碎屑锥通常成层状。火山熔岩锥又称盾形火山，其坡度很小，由火山口或裂隙喷出的熔岩堆积形成。夏威夷的冒纳罗亚火山是最大的盾形火山，其底部长约96 km，宽约48 km，海拔4176 m。火山混合锥由熔岩和火山碎屑交互成层组成。熔岩自火山锥坡上溢出往火山锥下方流动，形成平缓的火山锥坡。火山熔岩滴丘是体积不大，较陡的熔岩锥。其由黏性很高的熔岩急速冷却形成。火山熔岩滴丘常位于火山口上，内部可见流纹。

火山口是指火山锥顶处的凹陷部分，其位于火山喉管上部，呈漏斗状。火山口由火山喉管顶部爆破而成。碎屑物喷出后掉落于火山喉管附近，堆积形成火山口。部分坑状火山口可积水成湖，称为火山口湖或天池。很多火山口因为火山的再次喷发、大量火山物质的急剧喷发或遭受风化而形成破火山口。

火山喉管是指岩浆自地底喷出时的主通道，常由熔岩和碎屑物填充，若火山主体被剥蚀，可观察到火山喉管的填充情况。被填充于火山喉管的熔岩和碎屑物称为火山颈或火山塞。

长白山天池火山

我国的长白山天池火山是新生代多成因复合火山，在宋朝以后多有喷发，清光绪三十四年(1908)起，刘建封登上白云山，为天池十六峰命名，探明鸭绿、松花、图们三江源流。天池周围火山口壁陡峭，并形成十几座环状山峰，海拔均在2500 m以上。长白山天池也是松花江、鸭绿江以及图们江的发源地，素有“三江之源”的雅称。

• 3.2.3 火山喷发的形式

按其喷发形式，火山喷发分为融透式喷发、裂隙式喷发和中心式喷发。融透式喷发是指由岩浆直接融透地表，并大面积出露地表的喷发形式。因为洋壳较陆壳薄，这种喷发形式主要分布在大洋中的一些台地。特定地质历史时期，当时的地壳较现在薄，这种喷发形式并不少见。裂隙式喷发是指岩浆沿地壳的巨大裂隙流出的形式，此种喷发形式常见于大洋中脊。中心式喷发是指岩浆由火山喉管喷出地表的形式，这是现代火山喷发的主要形式。

按其激烈程度，火山喷发分为宁静式喷发、爆发式喷发和中间式喷发。宁静式喷发又称夏威夷式喷发，其喷发时伴随大量基性熔岩流，其岩浆黏度小、流动性大，故爆裂较少。爆发式喷发又称佩雷式喷发，其喷发的岩浆黏度大、爆炸性高，伴随着高温火山碎屑流和气体。爆发式喷发时，往上的气体受火山口中熔岩堵塞，不断增压，最后导致爆炸。中间式喷发介于爆发式和宁静式之间。

火山喷发类型

按形成火山的形状，火山喷发分为冰岛式、夏威夷式、斯特龙博利式、伏尔坎宁式、佩雷式和普林尼式（图3-3）。夏威夷式喷发的岩浆黏度低，为基性岩浆流，爆裂较小。斯特龙博利式喷发的岩浆较夏威夷式黏度高，喷发时常伴随白色蒸气云，较为温和。伏尔坎宁式火山的岩浆较斯特龙博利式黏度高，喷发猛烈，易发生爆炸。佩雷式喷发的岩浆黏度高，爆炸非常强烈，常伴随炽热的火山碎屑流。普林尼式喷发的岩浆黏度很高，爆炸程度极高，伴随大量岩浆碎屑流，易形成破火山口。冰岛式喷发为裂隙式喷发。

图 3-3　火山喷发类型

• 3.2.4　火山喷出物的类型

火山喷出物包括熔岩、气体和火山碎屑物。

地球上绝大多数熔岩是基性熔岩，剩下大部分是中性熔岩，小部分是酸性熔岩。高温基性熔岩流动性好，可形成带状熔岩流，中性熔岩流动性较差，酸性熔岩流动性最差。熔岩流分为块状熔岩流和绳状熔岩流。块状熔岩流表面粗糙，具不规则边缘，其温度较低，无法转变为绳状熔岩流。绳状熔岩流表面光滑，如几股绳子互绞，其温度较高，可转变为块状熔岩流。温度下降时，气体逸出，导致其表面出现孔洞变得粗糙，绳状熔岩流转变为块状熔岩流。绳状熔岩流会产生熔岩管，这是熔岩流的重要特征。

岩浆中存在大量溶解的气体挥发分，其因高温高压而储于岩浆，当岩浆的温压降低，其内气体将逸出。岩浆中大部分气体成分是水蒸气，气体在岩浆中占总重的1%～6%，火山活动逸出的气体影响大气结构。火山碎屑物包括火山喷出的岩石、熔岩和玻璃质碎片，按粒径分为火山灰、火山砾和火山块。不规则的呈炮弹状的火山砾称为火山弹，这是由于其喷出时旋转冷凝。火山碎屑物在喷出时，其内气体逸出，根据岩浆性质的不同可形成不同的火山喷出物，基性的岩浆可产生表面略有气孔的火山渣，中酸性的岩浆可产生气孔更多的浮岩。

3.2.5 世界火山的空间分布及其与地震带的空间关系

火山活动一般都发生在板块边界，少部分发生在板块内部。全球火山主要分布在四个火山带上——环太平洋火山带、大洋中脊火山带、红海沿岸与东非裂谷火山带和地中海–喜马拉雅火山带。

环太平洋火山带的范围南起南美洲的安第斯山脉，经北美洲西部的落基山脉，西转至阿留申群岛、堪察加半岛，往南至千岛群岛、日本列岛、琉球群岛、台湾岛、菲律宾群岛以及印度尼西亚群岛。环太平洋火山带包含活火山512座，该地区火山活动频繁，现代有历史记载的全球火山喷发记录有80%发生在环太平洋火山带，主要发生于北美及俄罗斯的堪察加半岛、日本、菲律宾和印度尼西亚。印度尼西亚被称为“火山之国”，共有近400座火山。环太平洋火山带大致沿环太平洋火山地震带分布。

大洋中脊火山带主要在大西洋中脊，北起格陵兰岛，经冰岛、亚速尔群岛至佛得角群岛；在太平洋中脊仅有14座活火山；在印度洋中脊仅有少数火山出露海面形成火山岛。大洋中脊外，仅有零散火山分布，其多为火山岛，成因多样，例如，夏威夷群岛和加拉帕戈斯群岛由热点形成。大洋中脊火山带大致沿大洋中脊（海岭）地震带分布。

红海沿岸与东非裂谷火山带的范围在三个地区：乌干达-卢旺达-扎伊尔边界的西裂谷；阿比西尼亚-阿曼坳陷；坦桑尼亚纳特龙湖南部的格高雷裂谷。红海沿岸与东非裂谷火山带大致沿大陆断裂地震带——东非大裂谷断裂带分布。

地中海-喜马拉雅火山带的范围自亚速尔群岛，至北非，经意大利、希腊，至土耳其，经伊朗、巴基斯坦、尼泊尔、印度，至中国西北、西南，经苏门答腊岛、爪哇岛至新几内亚岛。地中海-喜马拉雅火山带大致沿地中海-喜马拉雅火山地震带分布。

• 3.2.6　中国火山的分布

我国地域辽阔，境内火山分布广，但现代火山喷发少，我国火山主要分布在东北、西南和东南沿海。我国火山群包括龙岗火山群、腾冲火山群、大同火山群、马鞍山火山群、普鲁山火山群、天山火山群、昆仑山火山群、镜泊湖火山群、五大连池火山群、阿什库勒火山群、台湾基隆火山群和台湾大屯火山群。

五大连池火山群

五大连池火山群位于黑龙江省北部地区，是中国著名的火山群之一，地处中高纬度，东邻小兴安岭，西濒松嫩平原，坐落在讷谟尔河畔。14座火山中12座形成于几万年至几十万年前，其中6座两两相连，在平原上有9个突起的山，金代称为尔冬吉火山，女真语为“9座火山”的意思。五大连池波波相映、池池相连。环绕着五大连池，几十座火山拔地而起，层峦毗邻，雄伟壮观。

• 3.2.7 火山喷发引起的直接灾害

火山喷发后，从火山口向四周直接喷发大量火山物质，如火山灰、火山弹等。这些物质温度高、速度快，可以破坏周边环境，可对人类生命财产造成直接损失、对社会生产生活带来危害。公元79年8月24日，意大利的维苏威火山爆发，上喷的火山灰柱高达13 km。火山灰堆积厚达7 m，埋没了2万人口的庞贝、斯塔比伊和赫库兰尼姆三座城市。该火山喷发时温度很高，玻璃器皿都被烤熔成半熔融状态。该火山口海拔约1277 m，火山口周边长约1400 m，深约216 m，基底直径约300 m。同时，火山喷发时的巨响、强震、火光、浓烟、热流等，也给周边生物带来了强烈的刺激和影响，危及生命。

• 3.2.8 火山喷发引起的次生灾害

火山喷发的次生灾害包括气候异变、地震和海啸、洪水、泥石流、山崩、雪崩和毒气等。

火山喷发可引起全球性气候变化。1883 年印度尼西亚的喀拉喀托火山爆发，1903 年墨西哥的柯里玛火山爆发，1912 年美国的卡特迈火山爆发，都使地球平均年气温下降。火山喷发排出的气体对气候造成很大影响，亚硫酸气体于成层圈（平流层）形成硫酸雾，会对农业生产生活造成很大的损害。

火山喷发可引起地震。火山地震虽然只占地震总数的 7%，但因其震源浅，破坏性较大。火山地震多由岩浆冲击形成。意大利的火山学家在研究中发现，火山活动地区的地壳所产生的形变，常呈较规则的同心圆状，相对隆起的中心一般都位于现存火山口附近，范围不大。

海底火山和近海火山喷发可引起海啸。当火山喷发、地震、海啸同时发生，会造成巨大灾难。1960 年的智利大地震，从 5 月 21 日开始主震达 8.9 级。主震后 47 小时，距震中约 300 km 的普惠火山，在静止了 50 多年后，多个火山口突然同时喷发，火山灰和火山气体沿火山两旁长达 300～400 m 的裂缝喷发，火山云升入空中 6000 m 有余，随后又有熔岩流出，喷发延续了几个星期。这次地震造成的海啸，波及整个太平洋地区，给当地经济造成巨大的损失。

火山喷发会因周围环境而产生各式各样的灾害。1783 年日本的浅间火山喷发，火山碎屑流使吾妻川堵塞，造成大洪水。1888 年，日本磐梯火山喷发，崩落的岩块堵住山川，出现了小野川、秋元和桧原等三个湖泊。1983 年美国圣海伦斯火山口东部发生雪崩，这可能与其 1980 年的喷发有关。俄罗斯的堪察加半岛上，有一个“死亡之谷”，谷中有一条凹地，从中溢出的气体富含有毒气体，对周边环境造成损害。

• 3.2.9 火山喷发等级

火山喷发等级（VEI）是指以喷出物体积与喷发柱高度来衡量火山爆发强烈程度的量表。非爆炸性喷发的火山 VEI 为 0，爆炸性喷发的火山 VEI 从 1 到 8，每增加 1 个单位，其释放的能量就增加 1 个量级，喷发周期也相应延长（表 3-4）。

表 3-4 火山喷发等级

火山喷发等级	喷出物体积	热柱高度	频率	例子
0	＜10 000 m^3	＜100 m	持续	冒纳罗亚火山
1	＞10 000 m^3	100～1000 m	每天	斯特龙博利火山
2	＞1 000 000 m^3	1～5 km	每周	加勒拉斯火山
3	＞10 000 000 m^3	3～15 km	每年	科登考勒火山
4	＞0.1 km^3	10～25 km	≥10 年	埃亚菲亚德拉火山
5	＞1 km^3	＞25 km	≥50 年	圣海伦斯火山
6	＞10 km^3	＞25 km	≥100 年	喀拉喀托火山
7	＞100 km^3	＞25 km	≥1000 年	坦博拉火山
8	＞1000 km^3	＞25 km	≥10 000 年	黄石火山

• 3.2.10 火山喷发的爆裂程度

火山喷发的爆裂程度与岩浆类型及物理性质有关。导致火山喷发的物质称为岩浆，其熔融岩石包含一些矿物和溶解气体。喷发的岩浆称为熔岩。影响岩浆和熔岩的因素包括温度、物质组成、其所含溶解气体含量与属性。

温度对岩浆的流动性有着显著的影响，随着岩浆的冷却，其黏度增大。岩浆的组成成分也可影响其流动性，岩浆的流动性与其硅含量直接相关，硅的含量越大，其黏度越大。水会打破硅和氧的结合，溶解气体中水的含量越多，岩浆黏度越小。岩浆中钠、钾、铝和铁元素的浓度也会影响其黏度，钾元素浓度增加，岩浆黏度增加；钠元素浓度增加，岩浆黏度降低。较高的岩浆黏度会导致火山喷发的爆裂程度增加。

• 3.2.11　火山资源利用

火山在给人们带来灾害的同时，也带来各式各样的资源，我们必须认识到火山的双重性，开展对活火山的监测研究，预防火山灾害，并合理利用火山资源，造福人类。火山资源包括火山矿产资源、火山地热资源和火山旅游资源。

火山喷发可形成可利用的矿床。当含有可供利用的金属或非金属矿产的岩浆在上升途中遇到适宜的环境和条件时，可能将有用成分析出形成矿床；或在岩浆房中分异，使有用组分高度富集，随后被喷出地表形成矿床；或就地逐渐冷凝形成含矿侵入体。例如，南非布什维尔德铬铁矿、铂矿床以及我国攀枝花铁钛钒矿床、镜铁山铁矿床、宁芜式铁矿床和金川镍–铂矿床等。当地下岩浆、热液沿构造通道上升到地表时，由于温度、压力等条件的变化，除沉淀出泉华和形成水热蚀变带外，还沉淀出一些金属或非金属矿物。例如，新西兰的怀特岛火山、日本的那须火山顶上的茶臼山以及我国滇西的腾冲火山温泉区都发现有可供开采的硫磺矿。许多由火山喷出的岩浆冷却后就是有用的矿床或建筑材料。我国长白山天池火山 1199—1200 年喷发造成了我国最大的浮石矿床。

火山喷发是地球内部能量在地表的一种释放，地热与火山活动息息相关。我国长白山天池火山区也有多处温泉，龙泉温泉区的温泉最高温达 82℃，锦江温泉则为 50～70℃。

火山喷发可产生多种多样的地貌，从而造就许多有名的旅游区。例如，美国的夏威夷、黄石公园；日本的鹿儿岛、富士山火山；韩国的济州岛；印度尼西亚的巴厘岛；我国的长白山天池、黑龙江镜泊湖和五大连池等。

• 3.2.12 火山活动的监测与预警预防技术手段

目前我国对火山活动的监测依靠国家火山监测台网。国家火山监测台网由火山观测台、火山观测站、区域火山台网部、国家火山监测台网中心组成。火山观测台采集、存储和传输的数据包括火山区域内的地震活动、火山区地表重力变化、火山区地表变形和火山流体样本。火山观测站对特定区域火山活动进行监测、数据采集与处理。区域火山台网部负责区域火山观测台网的运行监控、数据采集与管理，承担本区域火山地震速报及前兆异常上报等任务。国家火山监测台网中心负责全国火山观测台网及火山流动观测的数据汇总与分析。

火山喷发预测预警是减轻和防御火山灾害的基础手段。诸如地震活动性、地形变、重力、流体的地球化学性质变化等火山喷发前兆现象，将会在火山临喷发前出现，而在平静期或休眠期，往往只有背景性的变化，或者零星的、偶发的前兆异常。

地震前兆：随着岩浆的聚集，水平引张应力逐渐增大，引发高频震群；当岩浆进一步上升时，岩浆与水的活动引起低频（长周期）地震；临喷发前，由于流体（水、岩浆、出溶的挥发物）的囊泡化现象而发生火山颤动。

形变前兆：火山活动前，岩浆积累引起地面隆起，当岩浆压力足以克服地表岩石强度时破裂而岩浆溢出；在火山喷发时大地倾斜的振幅与岩浆供应量、岩浆喷发量有关。

火山气体地球化学前兆：根据火山区气体地球化学观测，可以推测火山区流体的来源和岩浆活动状态。

火山灾害的预防有以下思路：城镇和重要建筑设施避开火山活动区；火山喷发前，进行人员疏散和财产转移；消除火山洪水、火山泥石流等隐患，预防间接灾害；制订火山灾害应急管理预案，进行有效的抗灾、救灾工作。

3.3 海啸 Tsunami

• 3.3.1 海啸产生机制

看似平静的海洋，有时也会产生毁灭性的自然灾害，海啸正是其中之一。

海啸是一类规模巨大、威胁性极强的海浪现象，是由海底地形和海水体积在短时间内发生剧烈变化，对海水产生强烈冲击波而引起的。海啸登陆时，往往会对沿海居民的生产生活造成毁灭性的破坏。

海底地震是最常见的引起海洋海啸发生的原因。海岸地区发生的滑坡、海底火山活动和海底滑坡等地质因素也有可能导致海啸发生。除此之外，陨石坠落海洋、小行星撞击也会触发强烈的海啸。

海底地震引起的海啸（图 3-4）在所有海啸中占比最高。这类海底地震往往起源于强烈的海底断层运动。海底断层运动使得海底出现上升或下降的垂直位移分量，同时强烈地震所释放的巨大能量也传递给上方的海水，进而引发巨大海啸。

图 3-4 详细描述了一类由海底断层运动引发海啸的整个机制模式。在海底俯冲带，俯冲板块和上冲板块黏结在一起，上冲板块黏在俯冲板块上（图 3-4a）；当发生海底断层运动时，上冲板块向海一侧边缘被向下拉，而后方的陆地一侧区域则向上隆起，在这一过程中，上冲板块发生弹性变形，积累弹性应变，整个过程将持续相当长时间（图 3-4b）；当黏结区破裂时，海底地震发生，上冲板块向海一侧边缘获得自由，向海一侧朝上移动，冲击上覆海水引发海啸（图 3-4c）；与此同时，陆地一侧区域恢复形变，使得海岸地

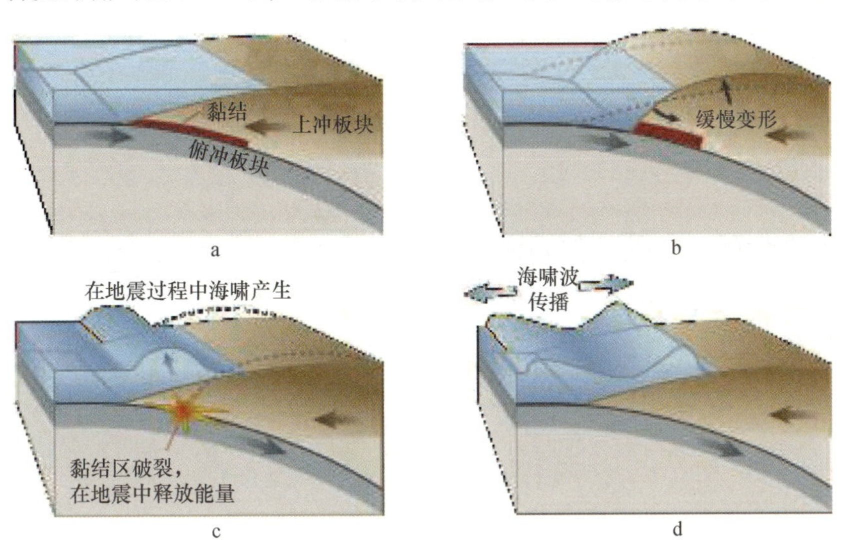

图 3-4　海底地震引发海啸过程图解

引 自 Hossain S M，Rafi S H，et al. An enhanced tsunami detection system [J]. International Journal of Innovation and Scientific Research，2016，21（1）：103-109.

区陆地下降至海平面以下，海啸持续穿越海洋后登陆，对海岸地区造成巨大破坏（图 3-4d）。

火山活动和海底滑坡也可以引发海啸，二者的原理机制较为类似。

“海啸”的命名史

中国古代历史上关于海啸灾害的记载最早可以追溯至西汉时期。《汉书·天文志》写道：汉元帝初元元年（前 48），“五月，勃海水大溢。”《汉书·元帝纪》记载，第二年皇帝颁布诏书，其中说：“一年中地再动，北海水溢，流杀人民。”这里“水溢”即指海啸，“地动”则表明这次海啸很有可能是海底地震引发的，但此时并未直接以“海啸”来称呼。事实上，在此后相当长一段时间内，史书都常以“海溢”“海水溢”“海潮溢”“海水大溢”“潮水大溢”“海潮涌溢”等词来形容海啸灾害。

“海啸”一词的使用则在明朝时期才开始出现。有意思的是，它的得名并非源自官方史书记载，而是来自民间俗语。元至正四年（1344）发生于我国浙江沿海的海啸，虽然《元史》记为“海水溢”，但嘉靖《宁波府志》、康熙《台州府志》等地方志记载中已使用“海啸”一词。明人唐顺之《武编》前集卷六谈及渔民占验风雨海浪的谚语，其中涉及一种海上异常声响，名为“海唑”：“山抬风潮来，海唑风雨多。”书中又解释说：“‘抬’，谓海中素迷望之山，忽皆在目。‘唑’，读如鹾（cuó），万喙声也。”明人胡震亨《唐音癸籤》卷一一写道：“‘唑’，方言，比海如人嚣声也。”有人又称“海唑”为“海吼”，以为就是海啸。

清人施鸿保《闽杂记》卷三写道："近海诸处常闻海吼，亦曰'海唑'，俗有'南唑风，北唑雨'之谚，亦曰'海啸'。其声或大或小，小则如击花鼓，点点如撒豆声，乍近乍远，若断若续，逾一二时即止；大则汹涌澎湃，虽十万军声未足拟也；久则或逾半月，日夜罔间，暂则三四日或四五日方止。""海唑风雨多"，明人徐应秋《玉芝堂谈荟》卷二一和杨慎《古今谚·吴谚楚谚蜀谚滇谚》都作"海啸风雨多"，正式将"海唑"写作"海啸"。对于灾情的命名，明代已经较多使用"海啸"的称呼。范濂《云间据目抄·记祥异》说："五月三十日，漕泾海溢，俗谓'海啸'，边民飘决者千余家。"

在国际上，海啸的英语名称"tsunami"则来自于日语中对海啸的称呼"津波（つなみ）"，即特指对近海船只影响不大，但对沿海港口（日语称为"津"）破坏巨大的海洋波浪。海啸对日本的巨大影响由此可见一斑。英语学术界最初曾以 tidal wave（潮汐波）一词来称呼海啸，但后来考虑到海啸成因与潮汐成因有本质区别，便没有作为正式名称。1949 年，美国国家海洋与大气管理局（NOAA）正式采用"tsunami"命名"太平洋海啸警报中心"，自此 tsunami 一词作为海啸的代称开始被广泛使用。至 20 世纪 60 年代时，"tsunami"已经成为国际上对海啸的通用称呼和正式学术用语。

• 3.3.2 海啸传播物理知识

海啸是一种特殊的海洋波浪。一般地，海啸的速度可以近似由以下公式来计算：

$$v=\sqrt{gD}$$

式中，v 为波速，单位为 m/s；g 为重力加速度，一般取值为 9.8 m/s^2；D 为海水深度，单位为 m。

事实上，由上式计算得到的海啸速度只是理论值，它一般比实际测量的海啸速度要大。计算表明，海洋波浪的能量可以驱使深度在一半波长以内（即波基面以上）的海水做近似圆周运动；而由于海啸波长极长，通常海啸波长的一半远远大于海洋的平均水深。这意味着，海啸在传播过程中可以带动其通过区域的所有海水质点发生运动。受到海底复杂的地形地貌所产生的摩擦力影响，大部分海啸的速度会减缓。但需要注意的是，即使经过削弱作用，海洋中实际海啸速度仍然很快。

在深海中，海啸波波高通常只有 1 m 左右，与普通波浪并无明显差别；但当海啸波抵达近海，由于海啸前缘速度变慢、波长减小，加之后方水体仍源源不断地高速涌来，水体开始积累，海啸波的波高将迅速增高至 6～15 m。若遇到峡湾、喇叭形海湾等狭窄地形，海啸高度的增长幅度有可能更大。

海啸波与普通风浪在周期上有很大差别。一般的风浪周期较短，波长也较短；而海啸则完全不同，海啸波的周期往往长达 15 min 以上，极大值可以达到 1 h 左右；其波长最长可达约 780 km。由于海啸波的周期较长，海啸引发的巨大抬升水体的前缘抵达海岸时，并不会迅速回退，而是会快速涌入并越过海滩向内陆前进，往往会淹没内陆长达几分钟甚至几十分钟。在这一过程中，由于海啸蕴藏有巨大能量，它将摧毁海岸线上的植被、建筑物等，造成严重财产损失和人员伤亡。

利用海啸波周期长的特点，我们可以提前发现并预警海啸灾害。在一次海啸过程中，若海啸波的波谷先到达海岸，海平面可能发生大幅度的降低和回退现象；若波峰先到达海岸，海水抵达海岸后，会径直涌入而不会后退。这些都是海啸即将来临的征兆。在海边游玩时，若发现这些海水异常现象，应当立即远离避难。

十岁女孩的海啸预警

2004年12月26日，来自英国伦敦的10岁女学生蒂莉和她的家人来到泰国普吉岛度假。这天清晨，当蒂莉一家人在所下榻的万豪酒店附近的海滩散步时，她突然发现岸边的海面上出现了许多气泡，同时发出嘶嘶的声响；海水涌上岸之后，并没有退回海里，而是径直朝海滩涌来。

面对此情此景，蒂莉想起了两周前地理老师告诉她的海啸知识。她对母亲潘妮说："妈妈，这不对劲，马上海啸就要来临了！"父亲科林回忆当时的情景道："蒂莉她当时情绪很激动，直接就走了。"一家人随后返回酒店，将所见到的海水异常现象告诉酒店员工，并提醒酒店员工海啸即将来临，应当立即撤离。与此同时，蒂莉跑回沙滩，将这一消息告诉了还在海滩上的一百多人，并带领他们迅速疏散。不久之后，果不其然，巨大的海啸席卷了海滩；由于疏散及时，当天万豪酒店和附近的海滩无人伤亡。

美国前总统、时任海啸重建特使克林顿得知此事后说：“蒂莉的故事给了我们很大启发：防灾减灾教育直接关乎我们的生命安全。所有孩子都应当接受防灾减灾教育，这样当遭遇自然灾害时才知道应该怎么做。”

• 3.3.3 世界与中国的海啸灾害

由于大多数海啸与海底地震密切相关，因此全球的海啸发生分布区大致与地震带一致。全球有记载的破坏性海啸大约有 260 次，平均 6～7 年发生一次。环太平洋地震带是世界上海啸发生次数最多的地区，而这当中又以日本列岛及附近海域、马来群岛及附近海域居多。日本是全球发生海啸次数最多、受害最深的国家。

近年来，规模较大、造成损失较严重的海啸主要有 2011 年的东日本大地震海啸和 2004 年的南亚大海啸。

（1）东日本大地震海啸

2011 年 3 月 11 日，日本东北地区宫城县仙台市以东的太平洋海域发生里氏 9.1 级地震，即“东日本大地震”。这次地震引发强烈海啸。日本东北地区、北海道岛多处沿海的巨大海啸高度超过了 3 m。岩手县、宫城县和福岛县的多数地区还出现了高度超过 10 m 的巨大海啸，海啸冲击海岸后，向海岸上溯的最大高度则达到 40.1 m。此次海啸给日本东北地区造成了巨大的人员财产损失。距离震中最近的宫城县仙台湾距离海岸 4～6 km 的内陆地区都被淹没。海岸线曲折的宫城县气仙沼市到岩手县大船渡市沿线（图 3-5，图 3-6），因海湾狭窄，巨大海啸高度迅速增高，导致数个城镇多数建筑物被直接摧毁。根据日本警视厅 2019 年统计，由于东日本大地震及其引发海啸所导致的死亡及失踪人数总和已达到 18 430 人。此次海啸的袭击还使得位于太平洋沿岸的福岛第一核电站 1～3 号机相继发生堆芯熔毁，1 号、3 号、4 号机发生氢气爆炸，在周围环境中泄漏了大量放射性物质，酿成了福岛第一核电站核事故。

图 3-5　日本岩手县陆前高田市遭到东日本大地震海啸袭击的前（左图）后（右图）对比。这座震前有着近 2 万人口的城市几乎被海啸完全摧毁，海啸导致 1555 人死亡，223 人失踪

（2）南亚大海啸

2004 年 12 月 26 日，印度尼西亚苏门答腊岛外海发生里氏 9.3 级海底地震。地震引发了浪高 15～30 m 的巨大海啸，称为“南亚大海啸”。最高的海啸浪高达 51 m。此次海啸威力巨大，穿越整个印度洋，袭击了印度洋沿岸的斯里兰卡、印度、泰国、印度尼西亚、马来西亚、新加坡、孟加拉国、马尔代夫、缅甸乃至非洲东岸的索马里、坦桑尼亚等国家。由于地震发生时正值圣诞节假期，有大量游客在东南亚度假，受灾地区聚集了大量的游客和本地居民，导致许多在沙滩上享受假期的旅客和在海边工作的当地人被海啸吞噬，造成了巨大伤亡和财产损失，据不完全统计，此次海啸造成的罹难人数和失踪人数至少有30万人，是现今世界上损失最严重的海啸灾害。

我国虽位于太平洋沿岸，但受到日本列岛、台湾岛、菲律宾群岛等岛屿组成的岛链的削弱作用，加之沿海各地区不直接处于环太平洋火山地震带上，因此海啸灾害并不严重。2011年日本东北地区太平洋近海发生大地震后，国家海洋局发布了海啸蓝色警报，这也是我国自海啸预警系统建立以来，迄今为止国家海洋局唯一一次发布海啸警报。关于海啸灾害预警系统和我国目前使用的海啸警报级别等可参阅3.3.5节的内容。

我国第一个海啸警报

（2011年3月11日）

国家海洋预报台根据《风暴潮、海浪、海啸和海冰灾害应急预案》，发布海啸Ⅳ级警报（蓝色）。

据太平洋海啸警报中心测定，2011年3月11日13时46分（北京时间），日本本州东部海域（38.2°N，142.5°E）发生9.1级地震，震源深度为10 km。

太平洋海啸警报中心已发布了四份海啸警报。最新监测结果显示，地震已经在震源附近引发了区域海啸。

编号为21401的海啸浮标（42.6°N，152.6°E）于北京时间14时43分测得0.67 m的海啸波，波周期为40分钟。

编号为21413的海啸浮标（30.5°N，152.1°E）于北京时间14时59分测得0.76 m的海啸波，波周期为32分钟。

编号为21418的海啸浮标（38.7°N，148.7°E）于北京时间14时19分测得1.08 m的海啸波。

北海道花前站（43.3°N，145.6°E）于北京时间14时57分测得2.79 m的海啸波，波周期为76分钟。

预计：海啸波将于12日2时前后到达江苏、上海沿海，波高为0.3 m左右；于11日22时前后到达浙江、福建沿海，波高为0.3～0.6 m；于11日22时前后到达粤东沿海，波高为0.4 m以内；于11日17时30分前后到达台湾东部沿海，波高为0.5～1 m。

国家海洋预报台将密切关注后续监测情况，并及时发布信息。

• 3.3.4　海啸灾害的特点

威力巨大、持续时间长是海啸灾害的显著特点。

海啸的破坏力一方面来自海啸波在抵达沿海地区时的巨大波高。当海啸波进入大陆坡后，由于海水深度变浅，在海底摩擦力作用下，波浪的传播速度将变慢。当前一波海浪的速度变慢后，后一波因为速度尚未下降而追了上来，在波浪的叠加作用下，波高陡然增大至数十米高，形成“水墙”向岸边猛然扑来，摧枯拉朽般地冲毁海岸上的一切植被和建筑物，进而导致大量人员伤亡。

图 3-6　东日本大地震引发海啸登陆日本岩手县宫古港的瞬间

另一方面，由于海啸波的波长和传播周期都非常长，使得海啸登陆海岸后，往往会在内陆停留相当长时间（可能长达数十分钟），并行进相当长一段距离，而后才回退。这导致海啸灾害影响范围和持续时间均很长，进一步增大了海啸的破坏力。因此，海啸灾害对沿海地区的破坏性极大。

• 3.3.5　海啸灾害预警系统

为应对海啸灾害，减少其对沿海地区居民生命财产安全的影响，人们逐步开发并完善了海啸灾害预警系统（Tsunami Warning System，TWS）。

海啸灾害预警系统是一种侦测海啸的系统，经发布警报以避免生命与财产损失。海啸灾害预警系统的历史非常悠久。早在 20 世纪 20 年代的美国夏威夷群岛，就已有初步的系统用于将紧急海啸的警报传达给大众。海啸灾害预警系统由两个同等重要的设施组成：一个是侦测海啸的传感监测器网络，另一个是即时发布警报以指导沿海区域避难的通信基础设施。设施工作时，先发出地震警报，随后通过观察海平面的高度以证实是否会引发海啸。海啸灾害预警系统按照适用范围又可分为两种不同类型：国际性海啸预警系统和区域性海啸预警系统。

目前最主要的国际性海啸预警系统是太平洋海啸警报系统。除太平洋海啸警报系统外，国际性海啸预警系统还有印度洋海啸预警系统，东北大西洋、地中海与联结海域海啸预警系统和加勒比海海啸预警系统。

太平洋海啸警报系统

太平洋海啸警报系统由太平洋海啸警报中心（Pacific Tsunami Warning Center，PTWC）负责管理和运行。太平洋海啸警报中心成立于1949年，由美国国家海洋与大气管理局管理，总部设于太平洋上的美国夏威夷州。太平洋海啸警报系统的成员国由太平洋沿岸各国组成。系统的运作模式是：各国天文台或地震预防中心在平日会不断观测并记录各地海水水位变化，并会在地震发生时将地震仪所收集到的数据送达太平洋海啸警报中心。中心在接收到各地区的资料后，便会迅速评估出此次地震引发海啸的概率，然后向相应国家及地区发出详尽的海啸预报。

区域性海啸预警系统或与所在地区的国际性海啸预警系统联合执行预警功能，或自行取得地震资料来发布海啸警报。例如，日本的区域性海啸预警系统由日本气象厅发布海啸警报，海啸警报分四级，分别为海啸预报、海啸注意警报、海啸警报、大海啸警报。

我国的海啸警报由自然资源部海啸预警中心发布。依据自然资源部发布的《风暴潮、海浪、海啸和海冰灾害应急预案》，海啸警报共分为四级（图 3-7）：海啸信息（又称海啸警报消息、海啸蓝色警报）、海啸黄色警报、海啸橙色警报、海啸红色警报。各级警报的标志及其对应信号含义如图 3-7 所示。

等级	信号名称	信号标志	信号含义
Ⅳ	海啸信息 （海啸警报消息）	海啸 TSUNAMI	受地震或其他因素影响，预计海啸波将会在中国沿岸产生0.3m以下的海啸波幅，或者没有海啸
Ⅲ	海啸黄色警报	海啸 黄 TSUNAMI	受地震或其他因素影响，预计海啸波将会在我国沿岸产生0.3(含)~1m的海啸波幅
Ⅱ	海啸橙色警报	海啸 橙 TSUNAMI	受地震或其他因素影响，预计海啸将会在我国沿岸产生1(含)~3m的海啸波幅
Ⅰ	海啸红色警报	海啸 红 TSUNAMI	受地震或其他因素影响，预计海啸波将在我国沿岸产生3m(含) 以上的海啸波幅

图 3-7　我国目前使用的四级海啸警报

• 3.3.6　海啸灾害预防技术手段

为减小海啸对于海岸的破坏，保护沿海地区居民的生命财产安全，我们可以采取多种技术手段来预防海啸灾害。例如：

① 在海边修筑防波堤、防水闸门等工程措施，或利用种植防潮林等生物措施，以阻断海啸或降低海啸进入沿海居民点时的冲击。

② 朝向海面，容易直接遭到海啸冲击的建筑物应采用钢筋混凝土建造，海啸登陆时可以作为降低海啸威力的屏障。

③ 可在距离海岸线较远的高处，或利用城市中的高层坚固建筑物来设置避难所（图 3-8），并规划、开辟逃生线路，同时在海边人员密集处设置醒目标识来引导居民前往避难。逃生线路的设置应尽可能避开河流、溪水，以防止海啸波溯河而上。

图 3-8　一座位于日本的海啸避难塔

④ 在海岸线沿线居民点设置广播系统，以及时发布海啸预警信息，并指示民众避难场所地点和逃生线路信息。

3.4 滑坡和崩塌

Landslides and collapses

• 3.4.1 滑坡和崩塌

在崇山峻岭、地势起伏大的山地丘陵地区，经历一场暴雨后，我们有时可能会遇到一条公路由于滑坡体阻塞或落石阻挡而被迫封路的现象。这正是滑坡灾害和崩塌灾害带来的影响。

滑坡和崩塌都是重力作用的结果。当有一定坡度的坡地上的岩石，由于各种自身因素或外在诱因而失去稳定，就会在重力作用下发生滑坡或崩塌。需要注意的是，滑坡和崩塌都属于迅速的块体运动形式，但二者在定义上有差别。

滑坡（图 3-9）通常是在一个或多个滑坡面上进行的、半黏性块体沿下伏滑动面向下向外移动所形成的块体运动形式；是斜坡上的土体或者岩体，受河流冲刷、地下水活动、地震等因素影响，在重力作用下，沿着一定的软弱面或者软弱带，整体地或者分散地顺坡向下滑动的自然现象，俗称“走山”“垮山”“地滑”“土溜”“山剥皮”等。根据滑坡体体积，可以将滑坡分为小型滑坡、中型滑坡、大型滑坡、巨型滑坡；根据其滑动速度，又可分为蠕动型滑坡、慢速滑坡、中速滑坡、高速滑坡。

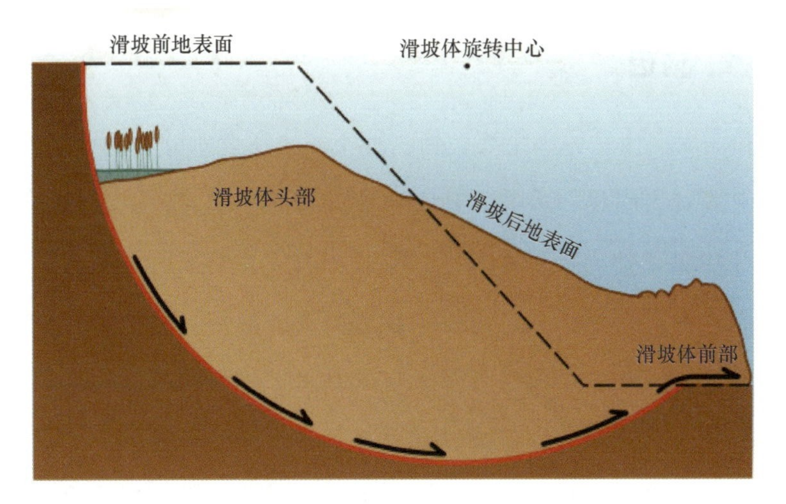

图3-9 山体滑坡模式图。滑坡体的运动一般是沿滑坡面、绕某一旋转中心进行的旋转滑动

引自 Marshak S. Earth portrait of a planet [M]. New York，London：W.W. Norton & Company，2019：607-631.

崩塌则是指高处岩块在重力作用下沿节理、层理等与母体脱开，向山坡下方自由下落的过程。滑坡体沿滑动面下滑时，滑坡体内部会保持一定的凝聚力，就像物体沿斜面下滑时会保持完整一样；而崩塌过程中，落石撞击地面后往往会裂开甚至粉碎，并翻滚跳跃着向前移动，这是滑坡与崩塌的一个重要区别。此外，滑坡与崩塌的区别还在于运动块体的含水量。一般地，崩塌过程中块体含水率较低，而滑坡体中块体含水率较高。

• 3.4.2 滑坡和崩塌的形成条件与影响因素

滑坡和崩塌的产生，既有斜坡块体自身的因素，也有外在诱因。这当中，内因使得边坡不断趋向于失去稳定的临界状态，而外在诱因则触发了滑坡和崩塌的发生。

3.4.2.1 内因

滑坡和崩塌产生的内因主要包括岩性土质、所含水分、地质结构等。

易发生滑坡和崩塌的边坡，其主要成岩物质一般为黏土矿物。黏土矿物不时吸收和渗出各种成分，体积不时膨胀和收缩，其强度也因此而不断发生变化。因而，在重力作用下，可能导致边坡失去稳定。由于水分子是极性分子，水分子带正电的一极极易与带负电的黏土矿物聚合胶体相结合，这使得黏土较容易吸附水分。黏土矿物的强度与其含水量呈负相关。水吸附在黏土颗粒外部时，会将黏土矿物颗粒分开；水被内层的黏土夹层吸收后，则会导致体积膨胀。

水的作用也会严重影响边坡的稳定性，这主要从以下几个方面来体现：

（1）组成边坡的一般是沉积岩和松散堆积物，孔隙度较高。若这些孔隙中充满水，边坡重量会明显增加，发生块体运动的可能性也就变大。

（2）岩石中的渗流水可以溶解岩石中起到胶结作用的某些矿物质。随着这些胶结物质被溶解，岩石凝聚力和稳定性降低，容易导致边坡失去稳定，而发生滑坡和崩塌。

（3）流动地下水不仅会对组成岩石的矿物质进行化学侵蚀，也会对边坡的松散沉积物进行物理侵蚀。这种物理侵蚀会造成边坡上出现大范围的孔洞，从而使得边坡山体强度降低。

（4）地下水埋深越大，岩体孔隙水压越高。随着地面松散堆积物高度增加，其重量会使得沉积物和深处孔隙水的压力变大。在这种作用下，沉积物中的沙土颗粒会被压得更加紧实致密，但是其中所含孔隙水不可被压缩，只能蓄积应力。在这种情况下，当岩体上的载荷加大，就有可能导致岩体整体的稳定性下降。边坡上若存在孔隙水压过大的沙土时，沙土就会因为失去强度和承载力而流走，引发滑坡等块体运动。

（5）潜水位（地下水位）的高度也会影响边坡的稳定性。一般地，地下水由大气降水和河流湖泊等地表水来补给。在重力作用下，边坡上岩石中的孔隙将被地下水填充，使其处于饱和状态，潜水位以上为非饱和带，潜水位以下为饱和带。如遇雨季，潜水位将迅速上升，并有可能上升至地面，从而破坏边坡坡面的稳定性，引起滑坡和崩塌等块体运动。

发生滑坡和崩塌的内因还有自身地质结构因素。受固有地质条件的影响，本身即处于稳定性较差的状态的山体，比较容易发生滑坡和崩塌灾害。其一是古滑坡面，由于古滑坡面经历过滑坡体碎屑物的磨蚀作用，层面较为光滑，湿润后易滑动。其二是地处不良地质构造位置，如顺坡岩层处。岩层倾向与边坡倾向大体一致的岩层称为顺坡岩层。当岩层倾角等于或略小于边坡坡度时，容易出现滑坡；而在山体另一侧岩层倾向山体内侧，滑坡较难发生。

除此之外，岩体中若存在胶结不良、节理发育、断层发育等情况，也有可能导致边坡失去稳定性而发生滑坡和崩塌。

3.4.2.2 外因

滑坡和崩塌的产生离不开外因的推动。值得注意的是，滑坡和崩塌产生的外因并不直接决定滑坡和崩塌的产生；一般地，外因往往通过引起内因变化，间接诱发滑坡和崩塌的产生。

自然因素诱发滑坡的机制主要体现在两个方面。一方面，对边坡坡体而言，其上部可能由于沉积作用使得荷载加大，其下部可能由于谷底河流流水冲刷而导致底部失稳，加之不时出现的断层活动，均有可能导致边坡失去稳定；另一方面，大气降水是滑坡与崩塌产生的重要外因之一，降雨形成的坡面径流将持续侵蚀边坡土体，导致边坡开始移动。

地震对滑坡的影响同样不可忽视（图 3-10）。首先，地震的强烈作用使斜坡土石的内部结构发生破坏和变化，原有的结构面张裂、松弛，加上地下水也有较大变化，特别是地下水位的突然升高或降低对斜坡稳定极其不利。其次，一次强烈地震的发生往往伴随着许多余震，在余震反复不断的震动冲击下，斜坡土石体就更容易发生变形，最后就会发展成严重的滑坡。

图 3-10　2001 年 1 月 13 日，中美洲国家萨尔瓦多发生里氏 6.6 级地震。这是地震造成的一处山体滑坡

除自然因素诱发的滑坡以外，违反自然规律、破坏斜坡稳定条件的人类活动和工程建设也会诱发滑坡。

一类情况是修建铁路、公路、依山建房、建厂等工程需要开挖坡脚，这常常使坡体下部失去支撑而发生下滑。例如，我国西南、西北地区的一些铁路、公路，因修建时大力爆破等，事后陆陆续续地在边坡上发生了滑坡，给道路施工、运营带来危害。

另一类情况是因蓄水、排水导致的山体滑坡。水渠和水池的漫溢和渗漏，工业生产用水和废水的排放、农业灌溉等，均易使水流渗入坡体，加大孔隙水压力，增大单位体积坡体所受的重力大小，从而促使或诱发滑坡的发生。水库的水位上下急剧变动、厂矿废渣的不合理堆弃也可使斜坡和岸坡诱发滑坡发生。

除上述两类情况外，劈山开矿的爆破作用，可使斜坡的岩、土体受震动破碎而产生滑坡；在山坡上乱砍滥伐，使坡体失去保护，便有利于雨水等的渗入从而诱发滑坡。如果上述的人类作用与不利的自然作用互相结合，则更容易促进滑坡的发生。这警示我们在工程建设和工农业生产中应当注重自然规律，合理开发利用自然资源。

• 3.4.3 中国与世界滑坡的分布、特征

我国是饱受山体滑坡灾害侵扰的国家之一。据国家统计局统计，2014—2022年，我国共发生滑坡灾害44 450次，在所有地质灾害发生次数中占比达68%。

在我国，东起辽宁省、山东省、浙江省、福建省，西至西藏自治区、新疆维吾尔自治区，北至内蒙古自治区、黑龙江省，南到广东省、海南省，至

少有28个省、自治区或直辖市不同程度地遭受过滑坡灾害的侵扰，滑坡灾害覆盖总面积达到国土面积的18%以上。巨型、大型滑坡的发生次数最多者为陕西省，其次为甘肃省，再次为贵州省和四川省。四川、云南、陕西、甘肃、宁夏、青海、山西、贵州、西藏、湖北10省（自治区）只占全国国土面积的40%，而滑坡灾害却占全国的85%。根据滑坡灾害发生频数，全国可分为15个滑坡灾害多发区：（1）横断山区；（2）黄土高原地区；（3）川北陕南地区；（4）川西北龙门山地区；（5）金沙江中下游地区；（6）川滇交界地区；（7）汉江安康—白河地区；（8）川东大巴山地区；（9）长江三峡地区；（10）黔西六盘水地区；（11）湖南湘西地区；（12）赣西北地区；（13）赣东北上饶—景德镇地区；（14）北京北郊怀柔—密云地区；（15）辽东山地岫岩—凤城地区。

3.4.4 滑坡和崩塌的危害

滑坡和崩塌是最常见的地质灾害之一。滑坡和崩塌往往会给工农业生产以及人民生命财产造成巨大损失，有的甚至是毁灭性的灾难。

滑坡对乡村最主要的危害是摧毁农田房舍，伤害人畜，毁坏森林、道路以及农业机械设施和水利水电设施等，有时甚至给乡村造成毁灭性灾害。位于城镇的滑坡常常砸埋房屋，伤亡人畜，毁坏田地，摧毁工厂、学校、机关单位等，并毁坏各种设施，造成停电、停水、停工，有时甚至毁灭整个城镇。发生在工矿区的滑坡，可摧毁矿山设施，伤亡职工，毁坏厂房，使矿山停工停产，常常造成重大损失。

• 3.4.5 滑坡和崩塌灾害的预防措施

滑坡和崩塌的防治要贯彻“及早发现，预防为主；查明情况，综合治理；力求根治，不留后患”的原则。下面介绍如何从工程措施角度预防治理滑坡和崩塌灾害。

3.4.5.1 滑坡的治理措施

结合边坡失稳的因素和滑坡形成的内外部条件，从工程措施角度治理滑坡可以从以下两个大的方面着手：消除和减轻水对边坡的危害，改善边坡岩土力学强度。消除和减轻水对边坡的危害主要是为了降低孔隙水压力和动水压力，防止岩土体的软化及溶蚀分解，消除或降低水的冲刷和浪击作用；改善边坡岩土力学强度则是指通过一定的工程技术措施，改善边坡岩土体的力学强度，提高其抗滑力，减小滑动力。

治理滑坡灾害的工程措施

1. 消除和减轻水对边坡的危害的方法

（1）排除地表水

排除地表水是整治滑坡不可缺少的辅助措施，而且应是优先采取并长期运用的措施。其目的在于拦截、旁引滑坡区外的地表水，避免地表水流入滑坡区内；或将滑坡区内的雨水及泉水尽快排除，阻止雨水、泉水进入滑坡体内。主要工程措施有：设置滑坡体外截水沟；建设滑坡体上地表水排水沟；引泉工程；做好滑坡区的绿化工作等。

（2）排除地下水

对于地下水，宜采用疏浚引导的办法。可设置截水盲沟用于拦截和旁引滑坡区外围的地下水；支撑盲沟兼具排水和支撑作用；仰斜孔群用近于水平的钻孔把地下水引出。此外，还有盲洞、渗管、垂直钻孔等排除滑坡体内地下水的工程措施。

（3）防止河水、库水对滑坡体坡脚的冲刷

其主要工程措施有：在滑坡体上游严重冲刷地段修筑促使主流偏向对岸的“丁坝”；在滑坡体前缘抛石、铺设石笼、修筑钢筋混凝土块排管，以使坡脚的土体免受河水冲刷。

2. 改善边坡岩土力学强度的方法

① 削坡减载，用降低坡高或放缓坡角来改善边坡的稳定性。削坡设计应尽量削减不稳定岩土体的高度，而阻滑部分岩土体不应削减。

② 边坡人工加固，常用的方法有：修筑挡土墙、护墙等支挡不稳定岩体；钢筋混凝土抗滑桩或钢筋桩作为阻滑支撑工程；预应力锚杆或锚索，适用于加固有裂隙或软弱结构面的岩质边坡；固结灌浆或电化学加固法加强边坡岩体或土体的强度；镶补勾缝，对坡体中的裂隙、缝、空洞，可用片石填补空洞，水泥砂浆勾缝等以防止裂隙、缝、洞的进一步发展等。

3.4.5.2 崩塌的治理措施

工程措施上治理崩塌主要有如下几种方法。

（1）遮挡

即遮挡斜坡上部的崩塌物。这种措施常用于中、小型崩塌或人工边坡崩塌的防治中，通常采用修建明硐、棚硐等工程，在铁路工程中较为常用。

（2）拦截

对于仅在雨后才有坠石、剥落和小型崩塌的地段，可在坡脚或半坡上设置拦截构筑物。如设置落石平台和落石槽以停积崩塌物质，修建挡石墙以拦坠石；利用废钢轨、钢钎及钢丝等编制钢轨或钢钎棚栏来拦截。这些措施，也常用于铁路工程。

（3）支挡

在岩石突出或不稳定的大孤石下面修建支柱、支挡墙或用废钢轨支撑。

（4）护墙、护坡

在易风化剥落的边坡地段，修建护墙，对缓坡进行水泥护坡等。一般边坡均可采用。

（5）镶补勾缝

对坡体中的裂隙、缝、空洞，可用片石填补空洞、水泥砂浆勾缝等以防止裂隙、缝、洞的进一步发展。

（6）刷坡、削坡

在危石孤石突出的山嘴以及坡体风化破碎的地段，采用刷坡技术放缓边坡。

（7）排水

在有水活动的地段，布置排水构筑物，以进行拦截与疏导。

3.5 泥石流灾害
Debris flow disaster

在所有地质灾害中，泥石流（图 3-11）往往让人们谈之而色变。在历史上，生活在山区的人们给泥石流赋予了“走龙”“出蛟”等一系列具有神秘色彩的称谓，泥石流的巨大威力和严重危害由此可见一斑。

泥石流是一种灾害性的地质现象，它经常突然爆发，来势凶猛，可携带巨大的石块高速前进，具有强大的能量，因而破坏性极大。统计数据表明，

图 3-11　泥石流灾害

我国有29个省（自治区）、771个县（市）遭受泥石流的危害，平均每年泥石流灾害发生的频率为18次/县，近40年来，每年因泥石流直接造成的死亡人数为3700余人。目前我国已查明受泥石流危害或威胁的县级以上城镇有138个，主要分布在甘肃省、四川省、云南省和西藏自治区等西部省（自治区）；受泥石流危害或威胁的乡镇级城镇数量更大。

• 3.5.1 泥石流的形成条件及其与滑坡的区别

泥石流（debris flow）是指由于降水（包括暴雨、冰川、积雪融化水）在沟谷或山坡上将含有沙石且松软的土质饱和稀释后产生的一种挟带大量泥沙、石块和巨砾等固体物质的特殊洪流。其汇水、汇砂过程十分复杂，是各种自然因素或人为因素综合作用的产物。泥石流也与上一节所介绍的滑坡和崩塌一样，都属于块体运动的范畴。典型的泥石流由悬浮着粗大固体碎屑物并富含粉砂及黏土的黏稠泥浆组成。在适当的地形条件下，大量的水体浸透流水山坡或沟床中的固体堆积物质，使其稳定性降低，饱含水分的固体堆积物质在自身重力作用下发生运动，就形成了泥石流。

在地貌上，泥石流所形成的地貌一般可分为形成区、流通区和堆积区三部分。上游形成区的地形多为三面环山，一面出口为瓢状或漏斗状，地形比较开阔、周围山高坡陡、山体破碎、植被生长不良，这样的地形有利于水和碎屑物质的集中；中游流通区的地形多为狭窄陡深的峡谷，谷床纵坡降大，使泥石流能迅猛直泻而下（图3-12）；下游堆积区的地形为开阔平坦的山前平原或河谷阶地，为泥石流携带的堆积物提供堆积场所。

图 3-12 2013 年 7 月发生在意大利北部阿尔卑斯山区的一场泥石流，监控记录下了泥石流前端直泻而下的一瞬间

一般地，泥石流的形成需要满足以下三个条件：地形地貌条件、松散物质来源、水源动力条件。

（1）地形地貌条件

泥石流易发的地区，在地形上常具备山高沟深，地形陡峻，沟床纵坡降大，流域形状便于水流汇集等特点。通过实际野外考察得知，一般情况下边坡倾斜度必须大于 15°，才有可能发生泥石流；而边坡倾斜度越大，泥石流带来的灾害越严重。泥石流的形成与当地的地质条件也密切相关。泥石流常发生于地质构造复杂、断裂褶皱发育，新构造活动强烈，地震烈度较高的地区。

（2）松散物质来源

地表岩石破碎，崩塌、错落、滑坡等不良地质现象发育，为泥石流的形成提供了丰富的固体破碎物质来源。另外，岩层结构松散、软弱、易于风化、节理发育或软硬岩层相间分布的地区，因易受外力侵蚀破坏，也能为泥石流提供丰富的碎屑物来源。一些人类工程活动，如滥伐森林、开山采矿、采石弃渣水等均会产生大量碎屑物，往往也为泥石流的暴发提供大量的松散物质来源。

（3）水源动力条件

水是泥石流的重要组成部分，同时也是泥石流的激发条件、搬运介质和主要动力来源。一般而言，泥石流的水源，有暴雨、冰雪融水和水库溃决水体等形式。在我国，泥石流的水源主要是暴雨、长时间的连续降雨等。山洪泥石流一般发生在多雨的夏秋季节，出现在一次降雨的高峰期，或者是在突发性、持续性大暴雨或连续强降雨发生之后。大量季节性积雪融水和冰川融水的流出也可能导致泥石流的发生。

值得注意的是，虽然同为块体运动的一种，泥石流与滑坡的形成条件和表现形式类似，但二者之间仍然有相当大的区别。泥石流是暴雨、洪水后形成的洪流，它的面积、体积和流量都较大。通常泥石流暴发突然、来势凶猛，可携带巨大的石块。因其高速前进，具有强大的能量，因而破坏性极大。而滑坡是斜坡上大量土体和岩体在重力的作用下，沿一定的滑动面整体向下滑动形成的，滑坡体含水量比泥石流要低，能保持一定的凝聚力。简而言之，滑坡的特点是顺坡“滑动”，泥石流的特点是沿沟“流动”。不论是“滑动”还是“流动”，都是在重力作用下，物质由高处向低处的一种运动形式。

• 3.5.2 中国和世界的泥石流的分布

泥石流灾害在我国分布较为广泛。以辽西山地、冀北山地、华北太行山、陕西华山、四川龙门山和云南乌蒙山一线为界，该线以西的华北山地、黄土高原、川滇山地和西藏高原东南部山地，是泥石流的主要发育地区，泥石流呈带状或片状分布；此线以东的辽东、华东、中南山地以及台湾岛、海南岛等山地，泥石流呈零星分布。

值得注意的是，我国西部地区，特别是西南诸省区，泥石流发育强烈，如云南省、四川省、贵州省、陕西省、青海省、甘肃省、宁夏回族自治区等。

在世界范围内，泥石流灾害主要分布在热带雨林气候区、热带及亚热带的季风气候区、温带海洋性气候区的高原山地地带。除我国外，亚洲主要的泥石流灾害高发区位于喜马拉雅山脉南麓及若开山脉西麓、马来群岛、菲律宾群岛、日本列岛等地。欧洲的大高加索山脉、阿尔卑斯山脉也易发泥石流灾害。加拿大太平洋沿岸地区、中美地峡、安第斯山脉北段等也是泥石流灾害分布广泛的地区。

• 3.5.3 泥石流灾害特点

泥石流灾害的特点主要包括突然性、流速快、流量大、物质容量大和破坏力强等。

泥石流是在山区沟谷或山地坡面上，由暴雨、融化的冰雪等水源激发的、含有大量泥沙、石块的介于挟沙水流和滑坡之间的土、水、气混合流，因此大多伴随山区洪水而发生，这使得泥石流的运动具有流速快、流量大等特

图3-13 泥石流冲毁道路造成交通中断

征。泥石流流动的全过程一般只有几个小时，短的甚至只有几分钟。它与一般洪水的区别在于，泥石流的洪流中含有足够多数量的泥沙、石块等固体碎屑物，其体积含量最少为15%，最高可达80%左右，因此比洪水更具有破坏力。

破坏力强是泥石流的最大特点之一（图3-13）。泥石流以摧枯拉朽之势，冲毁城镇、乡村、工厂、矿山，造成人畜伤亡，破坏房屋及其他工程设施，破坏农作物、林木及耕地。泥石流可直接埋没车站、铁路、公路，摧毁路基、桥涵等设施，致使交通中断，还可引起正在运行的火车、汽车颠覆，造成重大的人身伤亡事故。有时泥石流汇入河道，引起河道水位大幅度上升及河道位置变化，间接毁坏公路、铁路及其他构筑物，有时迫使道路改线，造成巨大的经济损失。泥石流还会破坏水利工程，冲毁水电站、引水渠道及过沟建筑物，淤埋水电站尾水渠，并淤积水库、磨蚀坝面等。此外，泥石流有时也会淤塞河道，不但阻断航运，还可能引起水灾。在泥石流发生的地区，往往兼有崩塌、滑坡等其他块体运动和洪水破坏的双重作用，数个地质灾害共同叠加，其危害程度比单一的崩塌、滑坡和洪水的危害更为广泛和严重。

铭记国殇——2010年甘肃舟曲“8·7”特大泥石流灾害

2010年8月7日22时左右，甘肃省甘南藏族自治州舟曲县城东北部山区突降特大暴雨，降雨量达97 mm，持续40多分钟。8月8日0时左右，短时强降水引发位于舟曲县城东北部的三眼峪、罗家峪等四条沟系产生特大泥石流，泥石流顺沟而下，对舟曲县城造成了毁灭性冲击。泥石流掩埋区域长达5 km，平均宽度300 m，平均厚度5 m，总体积7.5×10^6 m^3，流经区域被彻底夷为平地（图3-14，图3-15）。

经过长达一个多月的全力搜救，甘肃舟曲“8·7”特大泥石流灾害共造成1557人罹难，1824人受伤，208人失踪，是新中国历史上最重大、最惨痛的泥石流灾害。

经调查，造成此次泥石流灾害发生的原因相当复杂。舟曲是全国滑坡、泥石流、地震三大地质灾害多发区。舟曲一带是秦岭西部的褶皱带，山体分化、破碎严重，大部分属于石炭灰夹杂的土质，非常容易形成地

图3-14 甘肃舟曲特大泥石流灾害卫星图

质灾害。在此次泥石流灾害发生之前的一段时间，舟曲地区已遭遇连续严重干旱，这使当地岩体、土体收缩，裂缝暴露出来。泥石流灾害发生当晚，舟曲又遭遇了瞬时强降雨过程。由于岩体产生裂缝，雨水容易进入山缝隙，瞬时的强降雨深入岩体深部，导致岩体崩塌、滑坡，形成泥石流。舟曲还是“5·12”汶川大地震的重灾区之一，地震导致舟曲地区的山体松动，极易垮塌。此外，流经舟曲县城的白龙江上游兴建了一些大型水利工程项目，这些工程的开挖施工使得当地本就脆弱的地质结构更加松动，非常容易诱发泥石流等次生灾害。

图 3-15　遭遇泥石流袭击后的舟曲县城

灾难无情。面对甘肃舟曲特大泥石流灾害，我们不仅需要铭记国殇，更要充分做好防灾减灾工作，努力规避、预防地质灾害的发生，让悲剧不再重演。

• 3.5.4　泥石流灾害的预防措施

为预防泥石流灾害，降低泥石流灾害损失，可以从两个角度入手：一是修筑减轻或避防泥石流的工程措施，二是完善泥石流监测预警体系、改善治理泥石流多发地区的生态环境等软措施。

工程措施主要包括以下五种。

① 跨越工程。是指修建桥梁、涵洞，从泥石流沟的上方跨越通过，让泥石流在其下方排泄，用以避防泥石流。这是铁道和公路交通运输部门为了保障交通安全常用的措施。

② 穿过工程。主要指修建隧道、明硐或渡槽，从泥石流的下方通过，而让泥石流从其上方排泄。这也是铁路和公路通过泥石流地区的又一主要工程形式。

③ 防护工程。指对泥石流地区的桥梁、隧道、路基及泥石流集中的山区变迁型河流的沿河线路或其他主要工程措施，建造护坡、挡墙、顺坝和丁坝等防护建筑物，用以抵御或消除泥石流对主体建筑物的冲刷、冲击、侧蚀和淤埋等的危害。

④ 排导工程。其作用是改善泥石流流势，增大桥梁等建筑物的排泄能力，使泥石流按设计意图顺利排泄。排导工程，包括导流堤、急流槽、束流堤等。

⑤ 拦挡工程（图3-16）。用以控制泥石流的固体物质和暴雨、洪水径流，削弱泥石流的流量、下泄量和能量，以减少泥石流对下游建筑工程的冲刷、撞击和淤埋等危害的工程措施。拦挡措施有：拦渣坝、储淤场、支挡工程、截洪工程等。

需要指出的是，泥石流的产生和活动程度与生态环境质量有密切关系。一般来说，生态环境好的区域，泥石流发生的频率低、影响范围小；生态环境差的区域，泥石流发生频率高、危害范围大。提高小流域植被覆盖率，在村庄附近营造一定规模的防护林，不仅可以抑制泥石流形成、降低泥石流发生频率，而且在发生泥石流灾害时，也多了一道保护生命财产安全的屏障。

图 3-16 用于拦挡泥石流的混凝土防护堤

在泥石流灾害发生风险较大的地区，泥石流的预测预报工作很重要，这是防灾减灾的重要步骤和措施。具体措施有：监测流域的降雨过程和降雨量（或接收当地天气预报信息），根据经验判断降雨激发泥石流的可能性；监测沟岸滑坡活动情况和沟谷中松散土石堆积情况，分析滑坡堵河及引发溃决型泥石流的危险性；在泥石流形成区设置观测点，发现上游形成泥石流后，及时向下游发出预警信号。对城镇、村庄、厂矿上游的水库和尾矿库，应当经常进行巡查，发现坝体不稳时，要及时采取避灾措施，防止坝体溃决引发泥石流灾害。

除此之外，能起到预防泥石流灾害发生的软措施还有许多。如在规划建设房屋、村庄时避开泥石流易发的沟谷地带；在雨季到来之前清除沟道中的障碍物，一方面减少泥石流物源，另一方面保证沟道有良好的行洪泄洪能力；平日留心采矿排渣、修路弃土、生活垃圾等的分布，调查了解沟上游物源区和行洪区的变化情况等。这些都能帮助我们预防泥石流灾害的发生。

3.6 地面沉降灾害

Land subsidence disaster

近年来，随着社会经济的迅速发展，城市化进程日渐加快，人类对资源、环境的开发利用也愈加深入，使得地质灾害的发生越来越常见，严重制约了社会与经济的可持续发展，并造成了巨大损失。地面沉降是地质灾害中的一个主要灾种。

3.6.1 地面沉降的定义

地面沉降是在自然和人为因素作用下，地面标高降低的一种地质灾害。地面沉降具有成生缓慢、持续时间长、影响范围广和防治难度大等特点。

世界沉降记录

最早记录地面沉降发生的时间是1891年，在中美洲的墨西哥城。第二早的记录出现在1898年，发生于日本新潟县。由于当时的沉降量不大，危害性暴露得还不明显，只将其成因归结于地壳升降运动。

20世纪30年代，在一些国家的沿海城市，地面沉降发展严重，如日本东京、大阪，美国长滩市等。这些地区经常遭到风暴潮的袭击，导致巨大经济损失，使得地面沉降成为严重的区域灾害。

据统计，世界上已有60多个国家和地区发生地面沉降，较严重的国家为日本、美国、墨西哥、意大利、泰国和中国等。

• 3.6.2　地面沉降的成因

地面沉降的成因主要包括构造下沉、地震、火山活动、气候变化、土体自然固结、开采矿产资源以及工程建设。

（1）构造下沉

升降运动是新构造运动中的一种构造运动形式。地层的垂向升降，直接引起局部地面下沉。天津、西安和大同等城市的地面沉降均受到新构造运动的影响。例如，天津处于新华夏构造体系华北沉降带，长期以来缓慢下沉。

（2）地震

地震在短期内可引起变幅较大的区域性地面垂直变形，大面积土地沿断层线急剧下沉。另外，地震还可能导致松散沉积物沉降压实和古河道新近沉积土液化，也可造成局部地区的地面下沉。

（3）气候变化

目前地球正处于间冰期，全球平均气温呈上升趋势。气候变暖会使得冻土层液化，进而导致地面下降。

（4）开发利用地下水

许多国家和地区由于过度抽取地下水产生了地面沉降。例如，发表于国际期刊《遥感科学》上的文章指出，过度开采地下水导致北京部分地区地面沉降日益加剧，2003—2011年，这一地区的沉降速率超过了10 cm/a。华北平原地下水降落漏斗和地面沉降已经引起广泛关注。

（5）工程环境效应

密集高层建筑群等工程环境效应是近年来新的沉降制约因素。这一因素在地区城市化进程中不断显露，在部分地区的大规模城市改造建设中地面沉降效应明显。

上海地面沉降情况

上海是中国最早发现区域性地面沉降的城市，自发现沉降以来至1965年，市区地面平均下沉1.76 m，最大沉降量达2.63 m。其成因主要是不合理开采地下水。

20世纪60年代中期，上海开始采取压缩地下水开采量、调整地下水开采层次及人工回灌等措施，地面沉降得到有效控制。

进入20世纪90年代，上海市各种基础市政工程及高层建筑开始大规模建设。而在同一时期，上海地面又明显出现加速沉降现象。由于上海中心城区地下水的开采得到严格控制，而且回灌量一直大于开采量，地下水动态历年来基本保持稳定。在严格控制地下水开采的情况下，密集高层建筑群等工程环境效应诱发的地面沉降已成为上海地面沉降的主要影响因素。

3.6.3 地面沉降的影响

地面沉降作为一种缓变性地质灾害，虽没有崩塌、滑坡、泥石流发生时的“暴怒”场面，但“温水煮青蛙”式的风险也不容轻视。

（1）地面标高损失

地面标高损失不仅会造成地表雨季积水，防洪、泄洪能力下降，还会使地面水准点、水准测量高程网等国家基础设施失效，影响城市防洪调度和规划建设，大大增加建设成本。尤其沿海地区相对海平面上升，将引起海水入侵与倒灌、加剧海水侵袭和风暴潮等灾害。

（2）重大线性工程破坏

城市轨道交通、市政管网、高架道梁、高速铁路、防汛设施等重大线性工程，因地面不均匀沉降遭到破坏。这些重大线性工程出问题的频率提高，使得维护成本增加，甚至直接威胁城市的生产生活安全。

（3）建筑物损毁

地面沉降特别是不均匀沉降会破坏建筑物地基，导致建筑物墙体开裂、高楼脱空、井管和油管相对上抬等危害，严重时造成墙倒屋塌。不仅影响建筑物的正常功能和使用寿命，还可能造成人员伤亡、财产损失。

（4）防汛通航能力下降

地面沉降导致堤坝、防汛墙下沉，易造成现有堤坝或防汛墙的防洪抗涝能力下降。由地面沉降引发的河道淤积、桥涵孔径减小，导致河道桥下净空减小，使得内河通航能力降低，港口码头失效等。

（5）生态环境恶化

沿海地区面临着地面沉降和海平面上升的双重压力，致使海岸侵蚀加剧，海水入侵，地下水受到咸潮污染，使土壤和地下水盐碱化。

（6）不利于建设事业和资源开发

发生地面沉降的地区属于地层不稳定的地带，在进行城市建设和资源开发时，需要更多的建设投资，而且土地资源综合利用价值会受到影响。

• 3.6.4 地面沉降的监测与防治技术

（1）加强地面沉降监测

建立地面沉降监测网，是预防和减轻地面沉降灾害的重要措施。地面沉降是一个渐进的过程，通过对地面沉降进行长期、系统的监测，有助于掌握沉降的变化规律和影响范围，及时发现沉降问题，为后续的治理工作提供科学依据，避免沉降对地理环境造成更大的影响。

（2）严格控制地下水开采

地下水的过度开采是导致地面沉降的重要原因，控制地下水开采对防止地面沉降至关重要。减少对地下水的依赖，以地面水源代替地下水源，实施人工回灌，将水资源通过一定方式回灌到地下含水层中，补充地下水资源，从而缓解地面沉降。

（3）降低市政工程建设的容积率

建筑容积率一定程度上反映了地面沉降的变化趋势。对于同一地区而言，建筑容积率增加，沉降也随之加大。大规模市政工程建设的开展，必然要大幅度增加地基的荷载，从而加剧地面沉降发生的幅度。做好城市规划，对高层建筑物所带来的地质危害进行评估；避开软弱地基或对软弱地基进行工程处理。

（4）健全法规、完善管理

政府部门需要加强对地面沉降的重视，健全法规、完善管理，明确各方责任和义务，确保治理工作的有序推进。同时，还要加强宣传和教育，提高公众对地面沉降的认知，形成全社会共同参与和监督的良好局面。

3.7 地裂缝灾害

Ground fissure disasters

地裂缝是一种特殊的地质灾害，在我国城市发展中经常发生，给人民群众生命财产和社会经济发展带来巨大损失。有关资料显示，在全国各大城市中，近一半的城市都有不同程度的地裂缝现象发生。那么，什么是地裂缝呢？地裂缝又是如何形成的呢？

3.7.1 地裂缝的定义

地裂缝是一种地表岩层、土体产生开裂或错动，并在地表形成具有一定长度和宽度的裂缝的地质灾害现象，由地质作用和人类活动共同作用引发。与地质历史上的断裂构造相比，地裂缝是人们能直接观测到的构造断裂活动，在世界许多国家普遍存在，其发生频率与规模逐年加剧，已成为一种区域性地质灾害的主要灾种。

3.7.2 地裂缝的类型

由于产生地裂缝的动力条件不同，地裂缝形成原因也复杂多样，地壳运动、地面沉降、滑坡、特殊土质的膨胀湿陷及人类活动都可以引起地裂缝。

按形成地裂缝的动力条件，可将地裂缝分为三类：构造地裂缝、非构造地裂缝以及混合成因地裂缝。

（1）构造地裂缝

构造地裂缝是指由地球内力作用产生的地裂缝。常见的构造地裂缝有：

① 地震地裂缝。由于地震活动造成岩体或土体开裂而形成的地裂缝。地震与地裂缝先后出现，相伴而生。

② 断裂地裂缝。由于基层断裂的长期蠕动，使上覆岩体或土层逐渐开裂，并显露于地表而形成，其规模和危害最大。

（2）非构造地裂缝

非构造地裂缝形成的动力因素有两种。一是地球外部动力，如地球表层风化、沉积、固结产生的地裂缝；二是人类活动，如开采地下水、采矿等。常见的非构造地裂缝有：

① 松散土体潜蚀裂缝。由于地表水或地下水的冲刷、潜蚀、软化和液化作用等，松散土地中部分颗粒随水流失，土体开裂。农田灌溉、地表渗水均可形成此类地裂缝。

② 胀缩裂缝。由于气候的干湿变化，膨胀土或淤泥质软土产生胀缩变形。

③ 黄土湿陷裂缝。因黄土地层受地表水或地下水的浸湿，产生沉陷而成。

④ 地面沉陷裂缝。因各类地面塌陷或过量开采地下水、矿山地下采空引起地面沉降，从而导致的岩体、土体开裂。

⑤ 滑坡裂缝。由于斜坡滑动造成地表开裂。

（3）混合成因地裂缝

混合成因地裂缝一般是指由构造运动产生、人类活动加剧形成的地裂缝。过量抽汲地下水是人类活动引发地裂缝最为重要的因素之一。我国大部分地区的地裂缝是以构造运动为控制因素、人工抽汲地下水为诱发因素，二者共同作用下产生的。混合成因地裂缝以华北平原、汾渭平原的地裂缝最为典型。

• 3.7.3 中国地裂缝的分布

地裂缝是中国主要地质灾害之一。我国地裂缝北方多于南方，东部多于西部，以陕、晋、冀、鲁、豫、皖、苏等七省最为发育，约占全国地裂缝总数的 90% 以上，尤以汾渭盆地、河北平原和长江三角洲最为严重，其中大于 1 km 的巨型地裂缝、单条延伸最长地裂缝带和影响面积最大地裂缝群均发育在汾渭盆地和河北平原。

地裂缝分布表现出沿断裂带集中、顺地貌变异带展布、与地面沉降伴生、在黄土湿陷区散布、大中城市群发的规律。

美国地裂缝分布

美国的地裂缝主要分布在沉降区，地裂缝的分布与沉降区的特征密切相关，且在各个沉降区变化很大。

在亚利桑那州中南部，有 50 多条张裂缝和 4 条剪裂缝。形成原因主要是在地层中抽汲了大量的地下水，导致地下水位下降了 100 多米。许多张裂缝出现在亚利桑那州东南部的 Sulphur Springs 盆地和 San Simon 盆地。两个盆地都因水位下降发生了地面沉降。

在得克萨斯州的休斯敦地区，地表可见地裂缝多达160余条，累计长度500 km。有近一半的地裂缝是古地裂缝，活动地裂缝有86条，累计长度240 km。在1943—1973年，约12 200 km^2的地面沉降量超过0.15 m，最大沉降量超过2.7 m。

在内华达州的拉斯维加斯地区，最早的因地下水位下降而形成的张裂缝出现在1957—1961年，最长的地裂缝约400 m。

在加利福尼亚州的3个盆地发生了地裂，分别是Fremont盆地、San Jacinto盆地和San Joaguin盆地。Fremont盆地中既有张裂缝又有剪裂缝，这一区域至少有12个裂缝带和5个现代断坎。历史上San Jacinto盆地曾发生过大面积地面沉降，因抽汲地下水，诱发了古地裂缝复活。San Joaguin盆地因抽汲地下水而形成了3条张裂缝和1条剪裂缝，3条裂缝彼此间距小于12 km。

• 3.7.4 地裂缝的成因机制和形成条件

地裂缝的形成原因是复杂多样的，以下是一些主要的原因：

（1）大地构造背景

地裂缝一般发育在新生代沉降区域。地壳运动导致区域地壳处于张应力状态或弱挤压应力状态。活动断裂发育，并切割至浅表新地层，易形成地裂缝。

（2）第四纪沉积物

第四纪沉积物是地裂缝发育的物质基础。沉积物性质不同，其上发育的地裂缝的特征也不尽相同。沉积物松散则地裂缝宽度大，反之则地裂缝宽度小。

（3）降水及水文地质条件

第四纪松散沉积物中潜水和承压水状态的改变是导致地裂缝发育的重要因素。而雨水、雪水及河水沿地裂缝渗透，及对地裂缝附近沉积物的湿润软化作用，也加速了地裂缝的活动和发展。

（4）地面沉降

由于地质构造环境和水文地质条件的不同，地面沉降往往呈现不均匀性，断裂两侧的不均匀性更为明显，严重的便以不连续的断裂错动表现出来，断裂错动便导致地表地裂缝的发育和加剧。

（5）人工开采地下水

人工开采地下水不但间接由地面沉降引起地裂缝，而且也直接导致地裂缝发生水平张裂。主要是由于水井附近抽取地下水形成局部涌水，产生局部挤压应力场，而在涌水区外围则产生拉张区域，若拉张区域存在产生地裂缝的断裂，则受拉张而导致上部地裂缝发生水平张裂。

（6）地下采矿活动

地下采矿活动包括开采煤、石油、天然气等，其诱发地裂缝机理与地下水开采相似，并且其影响范围和规模更大，危害时间更长。

（7）工程建筑

由于建筑物的基础经过加固处理，抗拉、抗剪强度增加，地裂缝通过建筑物时受到阻抗，便会沿松动带或软弱地层破裂，表现出迁移现象，在局部地段导致地裂缝走向改变。另外，在地裂缝附近或地裂缝隐伏段进行建筑，建筑物的重量增加了地裂缝附近的应力，从而产生地裂缝。

3.8 地面塌陷灾害

Ground collapse disaster

地面塌陷是近年来发生较多的一种地质灾害，并且危害较大。其成因既有自然的因素，也有人为的因素。

• 3.8.1 地面塌陷的定义

地面塌陷指的是天然洞穴或人工洞室上覆岩土体失稳突然陷落，导致地面快速下沉、开裂的现象和过程，具有隐伏性、突发性、群发性、多因性等特点。按照发育的地质条件，地面塌陷可分为两种类型——岩溶塌陷和非岩溶塌陷。岩溶塌陷是由于可溶岩（以碳酸盐岩为主，其次有石膏、岩盐等）中存在岩溶洞隙而产生的塌陷。非岩溶塌陷是由非岩溶洞穴产生的塌陷，如采空塌陷、黄土地区黄土陷穴引起的塌陷、玄武岩地区其通道顶板产生的塌陷等。

• 3.8.2 地面塌陷的形成条件及发生机理

3.8.2.1 形成条件

（1）内部条件

① 地下存在空洞：地下存在空洞是地面塌陷发生的先决条件，地下空洞可分为天然洞穴和人工洞室两类。天然洞穴是由自然地质作用形成的，包括岩溶洞穴、土洞（黄土洞穴、红土洞穴、冻胀丘融化形成的土洞）。人工洞室是人工采掘活动所形成的，包括人防工程、地铁、隧道和采矿形成的地下巷道系统。

② 洞穴围岩状况：地下洞穴的受力状况如同梁的受力，洞的顶板相当于承载上覆岩土体自重的梁，洞的两侧如同位于梁端的两个支点。是否发生塌陷取决于顶板是否能够形成稳定的支撑拱。

（2）外部条件

① 大气降水：降雨造成的渗水可以使洞顶覆岩的含水层增大，自重加大；下渗水流会湿润裂隙面，降低岩石块体间的抗滑阻力，从而引起洞顶和洞壁的进一步变形而失稳。降雨强度大、历时较长时，入渗的水流进入围岩中的宽大裂隙，形成较大的动水压力和冲刷作用。在岩溶地区，降水入渗补给封闭岩溶洞穴，快速上升的岩溶水会压缩洞内空气，导致气爆发生，引发洞顶塌陷。

② 河、湖近岸地带的侧向倒灌作用：河、湖近岸地带普遍分布着孔隙潜水与岩溶水组成的双层含水介质。在汛期洪水位急剧上升的情况下，河、湖

水将向地下水产生侧向倒灌，地下水位随之上升。这时岩溶地下水对洞隙上覆土体产生正压力或使浮托力增大。在洪水位迅速回落时，岩溶地下水位回落快于潜水位，对洞隙上覆盖层的浮托力很快削减，通过洞隙开口处从潜水含水层向岩溶洞隙产生垂向的渗透潜蚀作用，在盖层中形成土洞进而扩展形成塌陷。这种现象称为洪水倒灌潜蚀塌陷，简称洪水塌陷。

③ 地震：地震可使洞顶覆岩以及洞壁的裂隙进一步扩大，引起岩层破裂、位移加剧；也可使洞隙上覆松散饱水细粒物质发生“液化”，形成地面塌陷。

④ 人类活动：人类活动主要表现在地面施加荷载、人为爆破、车辆振动、水库蓄放水等。对于岩溶地面塌陷，除上述人为活动外，地下水的抽排、回灌，尤其是快速、大降深的抽水活动往往是引发地面塌陷最普遍的原因。

3.8.2.2 发生机理

（1）岩溶塌陷的机理

形成塌陷的原因很多，如潜蚀、真空吸蚀、振动、土体软化、建筑荷载。因当地条件不同，产生塌陷的原因也不同，也可能是以一种原因为主导，多种因素综合作用的结果。

① 潜蚀作用：在覆盖型岩溶区，下伏存在溶蚀空洞，地下水经覆盖层向空洞渗流（或地下水位下降时，水力梯度增大）。在一定的水压力作用下，地下水对土体或空隙中的充填物进行冲蚀、掏空。从而在洞体顶板处的土体开始形成土洞，随着土洞的不断扩大，最终引发洞顶塌落。当土层较厚时，可以形成塌落拱而维持上伏土层的整体稳定。

② 真空吸蚀效应：岩溶网络的封闭空腔（溶洞或土洞）中，当地下水位大幅度下降到空腔盖层底面下时，地下水由承压转为无压，空腔上部便形成低气压状态的真空，产生抽吸力，吸蚀顶板的土颗粒，同时内外压作用，覆盖层表面出现一种“冲压”作用，从而加速土体破坏。

③ 自重效应：雨水入渗后，盖层饱和容重比干容重一般增加30%～40%，使土拱承受更大的重量，导致塌陷。

④ 浮力效应：岩土体位于地下水位之中，当地下水位下降时，除产生压强差效应外，土体的浮托力也随之减小，产生塌陷。

⑤ 土体强度效应：土体吸水饱和后，土体抗剪强度降低，土拱抗塌力减小，产生塌陷。

（2）采空塌陷的机理

第一阶段为掘进和回采的初期，存在冒落带、断裂带和弯曲带；

第二阶段为地裂缝发展阶段，仅存在冒落带和断裂带；

第三阶段为地面塌陷阶段，仅存在冒落带（图3-17）。

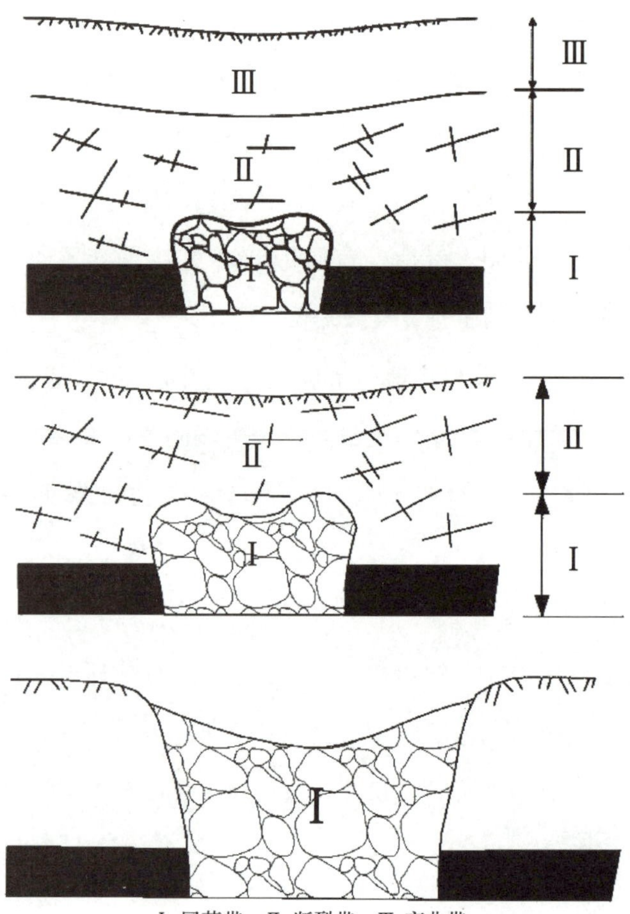

Ⅰ-冒落带；Ⅱ-断裂带；Ⅲ-弯曲带

图 3-17　采空塌陷机理

上海地面塌陷

上海地处长江三角洲东缘，第四纪松散覆盖层厚度大，属于软土地区。上海在国内虽非突发性地质灾害重灾区，但该市除存在大面积缓变形地面沉降地质灾害外，地面塌陷亦时有发生。经资料调查与研究发现，浅层砂埋藏浅，且呈饱和状态；中心城区地下管线年代较久，易出现结构性缺陷等问题；重建修复工程较多、地下空间不断发展，若地下工程开挖不当，在一定水力梯度下，易产生渗流液化导致水土流失，这些都是引发地面塌陷的主要因素。2017 年 4 月奉贤区一路口出现了约 10 m^2 塌陷，地面下方形成一个约 1.5 m^2 的椭圆形空洞；2017 年 10 月 4 日，上海市一栋二层老式居民楼内发现大坑，屋内塌陷坑直径约 3.5 m，深约 3.6 m。地面塌陷逐步影响着市民的交通、生活。

• 3.8.3 我国地面塌陷分布的特点

3.8.3.1 岩溶地面塌陷分布

（1）北方岩溶地面塌陷区

长江以北，除古代的岩溶洞穴系统有部分残留外，现代岩溶主要以溶蚀裂隙为主。

岩溶地面塌陷大多集中在山区与平原的过渡地带，如辽宁省的南部，山东的泰安、枣庄、莱芜，河北的唐山、秦皇岛柳江盆地，江苏的徐州，安徽的淮南、淮北等地。岩溶地面塌陷主要集中在扬子地台和华北地台的碳酸盐岩分布区。

（2）南方岩溶地面塌陷区

位于长江以南的广大地区是我国碳酸盐岩分布最集中、面积最大的区域，

总面积约 1.76×10^{6} km^{2}。气候温热湿润，植被茂密，地质构造多为紧密的褶皱和密集的断块，现代岩溶十分发育。

3.8.3.2 矿山采空区地面塌陷分布

矿山采空区地面塌陷是我国地面塌陷中的另一种重要形式。其中煤矿开采造成的地面塌陷比例最大。

山西、黑龙江、江苏、安徽、山东等省属于采空塌陷的严重发育区。但值得注意的是，全国的采煤、采矿区也均有采空塌陷出现，这主要是由于盲目开采、滥采等不合理行为，加之爆破等一些震动因素，使得顶板较薄之处极易塌陷产生事故。

地面塌陷的分布规律

① 岩溶强烈发育的纯可溶岩分布地带或沿其与非可溶岩的接触地带。这些地带中隐伏岩溶形态（漏斗、溶槽等）较发育；

② 沿可溶岩中的断裂带或主要裂隙交汇破碎带，岩层剧烈转折、破碎的地带；

③ 松散盖层较薄且以砂土为主，其底部黏性土层缺失或甚薄（一般不足 1～2 m）的“天窗”地段；

④ 岩溶地下水的主运流带或岩溶管道上；

⑤ 具有潜水和岩溶水双层含水层分布地带；

⑥ 岩溶地下水的排泄区；

⑦ 岩层地下水位在基岩面上下频繁波动的地带，或受排水影响强烈的沉降漏斗中心及近侧地段；

⑧ 邻近河、湖、塘地表水体的近岸地带；

⑨ 岩溶地下水位埋藏较浅的低洼地带。

• 3.8.4 地面塌陷的治理方法

3.8.4.1 岩溶地面塌陷的治理

（1）清除填堵法

该法常用于相对较浅的塌坑或埋藏浅的土洞。清除其中的松土，填入块石、碎石形成反滤层，其上覆盖以黏土并夯实。

（2）跨越法

该法常用于较深大的塌陷坑或土洞。对建筑物地基而言，可采用梁式基础、拱形结构，或以刚性大的平板基础跨越、遮盖溶洞，避免塌陷危害。对道路路基而言，可选择塌陷坑直径较小的部位，采用整体网格垫层的措施进行整治。

（3）强夯法

在土体厚度较小、地形平坦的情况下，采用强夯砸实覆盖层的方法消除土洞，提高土层的强度。

（4）钻孔充气法

随着地下水位的升降，溶洞空腔中的水气压力产生变化，经常出现气爆或冲爆塌陷，设置各种岩溶管道的通气调压装置，破坏真空腔的岩溶封闭条件，平衡其水、气压力，减少发生冲爆塌陷的机会。

（5）灌注填充法

在溶洞埋藏较深时，通过钻孔灌注水泥砂浆，填充岩溶孔洞或缝隙、隔断地下水流通道，达到加固建筑物地基的目的。灌注材料主要是水泥、碎料（砂、矿渣等）和速凝剂（水玻璃、氧化钙）等。

（6）深基础法

对于一些深度较大，跨越结构无能为力的土洞、塌陷，通常采用桩基工程，将荷载传递到基岩上。

（7）旋喷加固法

在浅部用旋喷桩形成一个“硬壳层”，其上再设置筏板基础。“硬壳层”厚度根据具体地质条件和建筑物的设计而定，一般 10～20 m 即可。

3.8.4.2 采空区地面塌陷的治理

① 对破坏的土地应进行整理、平复，以防滑坡、崩塌的出现。

② 危房改造必须到位，严重损毁的房屋必须拆除。

③ 对进入充分采动阶段（冒落带发育到地表）的地段，土地整理工作至少应在塌陷后两年进行，由于残余变形将持续很长时间，这些地段短期内一般不宜建造永久性建筑物。对仍处于非充分采动阶段的地段，或采用灌注填充法，填充地下空腔，使之达到稳定状态。

拓展阅读

塌陷地变聚宝盆

山东肥城，曾因煤而兴，随着煤炭资源的枯竭，形成了近万亩的采煤塌陷地。塌陷地一度成为肥城发展的包袱。近年来，肥城着力对辖区内近万亩采煤塌陷区进行生态修复和综合开发利用，发展农业种植、渔业养殖和光伏发电站项目（图3-18，图3-19），提升采煤塌陷地综合利用效能，推进特色农业发展，使得昔日塌陷地变身创富增收“聚宝盆”。

图3-18　利用塌陷地建设的生态鱼塘

图 3-19 利用塌陷地建设的"农光互补"光伏发电项目

拓展阅读

地面塌陷发生前有什么征兆？

① 井、泉的异常变化：如井、泉的突然干枯或浑浊翻沙，水位骤然降落等。

② 地面形变：地面产生地鼓，小型垮塌，地面出现环形开裂，地面出现沉降。

③ 建筑物作响、倾斜、开裂。

④ 地面积水引起地面冒气泡、水泡、旋流等。

遇到地面塌陷怎么办?

① 身处正在变形的地面塌陷区时，应迅速向距离塌陷区边缘最近的区域逃离，紧急情况下可抱住周边大树。

② 远离存在地面塌陷隐患的区域，以及边缘的建筑物、电线杆等。

③ 当有人深陷塌陷区时，不要盲目施救，应立即报告邻近的村、乡、县等有关政府或单位，以便开展有组织的抢险救灾活动。

④ 在有采空警示的路段行车时，注意观察路面状况，随时采取紧急刹车等应急措施。

第 4 章

空间灾害

众所周知，狂风暴雨、旱灾洪涝等是常见的气象灾害，它们会给生产生活、生命财产带来损失，灾害性空间天气亦如此。随着科学的发展，尤其是人造卫星上天后，人类慢慢意识到太阳突然释放能量以电磁辐射带电粒子的形式吹过地球时，会引起地球高空的结构、密度、温度、电磁状态、通信条件、光学特性、带电粒子分布等发生急剧变化，常常出现灾害性空间天气，给空间和地面的高科技系统如航天、通信、导航、资源、电力系统等带来严重损伤和破坏，甚至危及人类的健康和生命。因此，了解空间灾害性天气变化规律，可以为发展高科技和国防现代化提供服务和技术基础。

4.1 空间环境

Space environment

4.1.1 太阳大气环境

太阳是太阳系中心天体，自身发光发热且为地球上的所有生命体提供生存所必需的光和热。它是一个富含多种元素的巨大高温等离子体球，人类通过遥感观测到了大气分层结构，从内到外包括光球层、色球层和日冕层。

（1）光球层

人们用肉眼直接观察到的“太阳”就是光球层，厚度大约为 500 km，该层是太阳大气中亮度最大的一层，但温度却是最低的，粒子密度大约是地球大气在海平面附近的0.37%，灼热而又窒息。光球层最明显的太阳活动是太阳黑子（图4-1），经科学家研究后发现太阳黑子显黑的原因是其本身强磁场抑制了热量通过对流运动传输，使得温度比周围冷，从而显得较黑而得名。太阳黑子外围有米粒组织，米粒组织是热的等离子体从太阳内部上浮到光球层底部，将热量释放、冷却之后又沉入对流层内部形成的，米粒组织间亮点是米粒通道当中相对明亮的小尺度结构，随着米粒的出现、运动、演化、消失而运动和变化。

图4-1 太阳黑子（来源：加州天文台，2021）

（2）色球层

色球层是光球层顶部以上，厚度大约为2000 km的大气结构。该层亮度为光球层的千分之一，只有用特殊仪器或者在日全食发生时才能观察到，因颜色艳丽而得名。色球层从内到外温度增加而密度较小，此种现象目前仍无法解释。色球层的太阳活动主要表现为耀斑、冲浪、针状体。耀斑，是突然增量的区域，是太阳活动活跃的标志。冲浪是色球层的物质沿着日冕磁场向外小尺度的喷射现象。针状体则是普遍存在于色球层的针状结构，其寿命只有几分钟，针状物一般形成于色球层网状结构的边缘，形成机制有不同的解释。

（3）日冕层

日冕层是太阳大气的最外层，可达太阳半径的几倍甚至十几倍，没有明确的上界。温度很高，密度极低，亮度很弱，仅及色球层的千分之一，肉眼只有在日全食时才可见到。日冕的稀薄物质以极高的速度运动着，平均速度达220 km/s，以致一部分粒子能够摆脱太阳重力，奔向广漠的行星际空间，这种现象称为日冕膨胀。日冕层最显著的太阳活动是日珥和太阳风。日珥（图4-2），观测特征像长在太阳上的耳朵，其成因是较强的磁场隔绝了日珥物质与附近日冕层物质之间的热交换和物质交换，使日珥中的物质不会扩散到日冕当中，且磁场结构形变产生的磁场张力和压力克服了重力，支撑日珥物质悬浮在稀薄的日冕当中而不至于沉下去。太阳风是指由于日冕高速膨胀脱离了太阳引力的高速粒子流。太阳风吹遍整个太阳系，尽管物质十分稀薄但会对行星造成一些重大影响，如磁暴。

图 4-2　日珥（来源：朱翔，刘新民. 普通高中教科书地理必修第一册 [M]. 长沙：湖南教育出版社，2023）

• 4.1.2　行星际空间环境

行星际空间是指以太阳起源物质为主的空间，即太阳与太阳系内行星存在的区域。行星际空间内几乎是纯粹的真空，在地球轨道附近的平均自由半径大约是 1 天文单位（1Au，约等于 1.4×10^{8} km）。但是这个空间又并非完全的“真空”，到处都充满着稀疏的宇宙线，包括电离的原子核和各种次原子粒子。这儿也有气体、等离子和尘粒、小流星体和已经被微波光谱仪发现的数十种不同有机分子。行星际空间也包含太阳生成的磁场，行星生成的磁场，如木星、土星和地球自身的磁场。它们的形状都受到太阳风的影响，形如泪滴，有着长长的磁尾伸展在行星的后方。这些磁场可以捕获来自太阳风和其他来源的粒子，创造出如同范艾伦带的磁性粒子带。行星际空间深刻影响人类对太空的探索活动。

• 4.1.3 地球空间环境

地球空间环境包括地球大气、电离层和磁层中的各种环境条件，是人类生存、发展等活动主要经受的空间环境。地球空间环境的变化，对航天安全、无线电通信、导航、全球定位系统、电力系统、输油管道、生产活动及生态环境都有着很大的影响，在垂直方向上自下而上地分为 4 层（图 4–3）：对流层、平流层、电离层（热层）、磁层（散逸层）。

（1）对流层

该层空气在垂直方向存在对流，因此泰塞伦 · 德波尔命名其为对流层。该层最接近地球表面，全球平均厚度为 12 km，极地地区不超过 9 km，热带地区可达 16 km 以上，其中赤道地区由于地面温度高，空气在垂直方向运动显著，大大增加了对流层厚度。对流层的热源来自地面辐射，在垂直方向上温度随着高度的增加而逐渐下降，俗语“高处不胜寒”就是对对流层温度变化的描述。气温在垂直方向的变化（又称气温垂直递减率）对于气象学、大气科学和航空工程等领域非常重要，它有助于我们理解大气层中的温度分布和大气现象的发生。不同的垂直递减率可以导致不同的气象

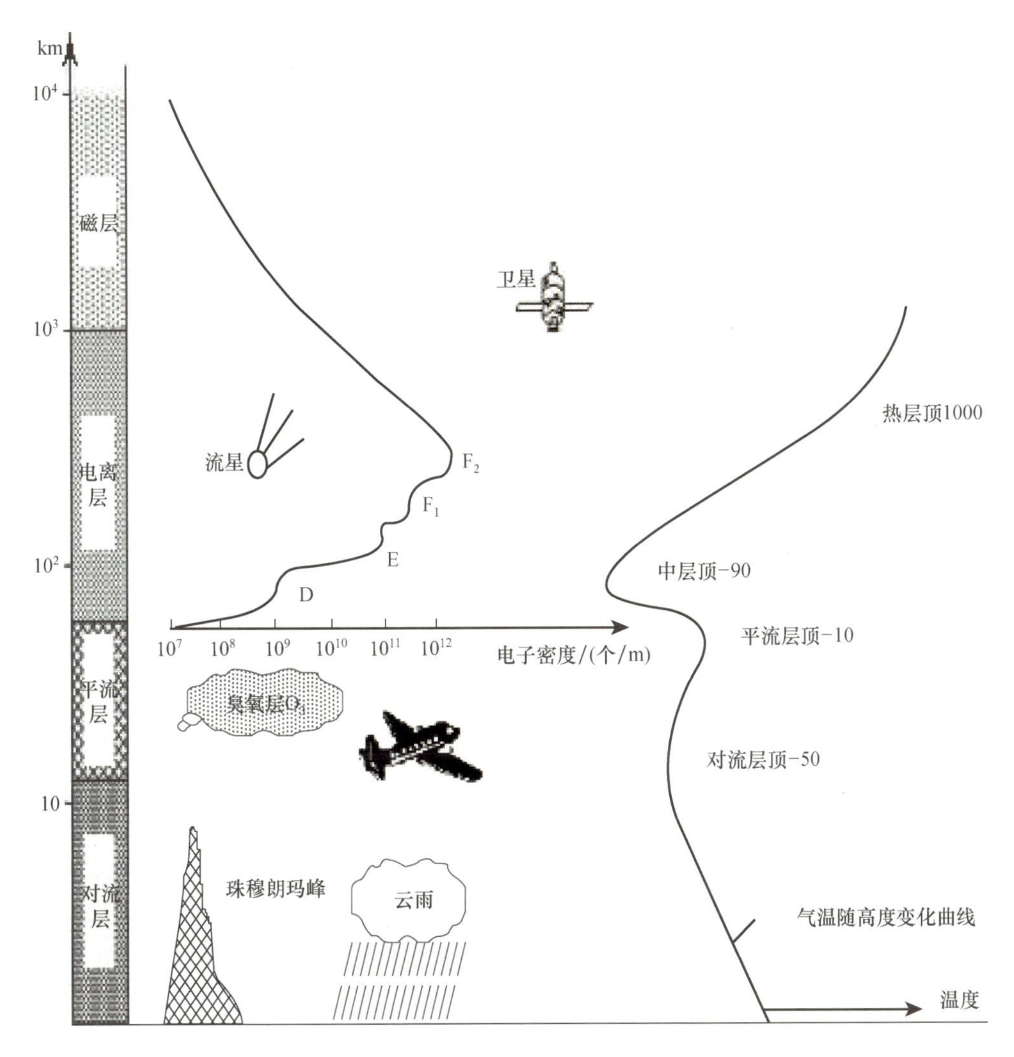

图 4-3 地球空间环境

条件和气候模式。对流层的垂直递减率均值是 6.5℃ /km，该值会随着天气、季节和区域发生变化，必须定期观测。有时对流层温度随高度升高，这一逆转现象就是逆温。对流层集中了约 75% 的大气质量和 90% 以上的水汽质量，几乎所有重要的天气现象都发生在该层。值得注意的是我们就生活在此层，复杂多变的天气现象与我们息息相关，因此是科学家们研究的焦点。

（2）平流层

平流层位于对流层之上，高度 8～50 km。与对流层不同，平流层中的温度随着高度的增加而上升，这是因为臭氧吸收大量来自太阳的紫外线辐射。虽然臭氧的最大浓度分布在 15～30 km，但在此高度之上的少量臭氧吸收的紫外线能量也足以产生较高的温度。平流层基本没有水汽，气流水平运动，很少发生天气变化，以晴朗天气为主，适合飞机航行。

（3）电离层

电离层（又称为热层）是地球大气的一个电离区域，处于部分电离状态，高度范围在 50～1000 km。该层吸收太阳能的高能量短波辐射后，所含分子或原子被电离带正电并以电流的形式流动。依据电子密度分布特征，从下往上分为 D 层、E 层和 F 层。

D 层：位于平流层之上、电离层最低的部分，又称中间层。高度为 50～85 km。温度随高度下降，平均温度约为 -90℃，对流运动强盛，主要吸收中等频率的无线电波。该层的气压非常低，大气密度很小，离子密度是变化的，其中夏季大于冬季，夜间电离基本消失。在中纬度地区的冬季有时会出现异常。目前人类研发的最高飞行高度的飞机和探空气球都无法到达这一高度。

E 层：位于 90～150 km 的高度范围内，温度随高度上升。离子密度变化也有季节和昼夜变化，在夏季、白昼、太阳活动高峰年较大。该层对较高频率的无线电信号有反射作用，在白天通常能够实现远距离的短波通信。

F 层：位于 130～210 km 的高度范围内，分为 F1 层和 F2 层。F 层对高频和极高频的无线电信号有强烈的反射作用，使它们能够在全球范围内传播。该层密度非常低，以至于正电离子和电子不能相遇，离子和电子浓度不可能快速变化，虽然较弱，但电离层仍然可以在夜间得以保持。

电离层（热层）温度最高可超过 1000℃，有意思的是，如果宇航员在该层把手伸去是不会感到热的，这是为什么呢？因为温度从微观上讲是物体分子热运动的剧烈程度，物体分子速度越快温度越高，但该层空气非常稀少，总热量就极小了，所以宇航员的手并不会感到灼热，更不会被极端高温熔化。

（4）磁层

磁层（又称散逸层），地球磁层是指完全电离的大气区域，被太阳风限制的、呈彗星状的地磁场空间。图 4-4 是地球磁层的基本结构。

磁层在向日面被太阳风压缩近似为半球形，磁层厚度会随地球在空间运动而改变，太阳风压增强时可减小到 5～7 个地球半径。磁层的上边界被称为磁层顶，功能是区分源于地球的等离子体、磁场与太阳风所携带的等离子

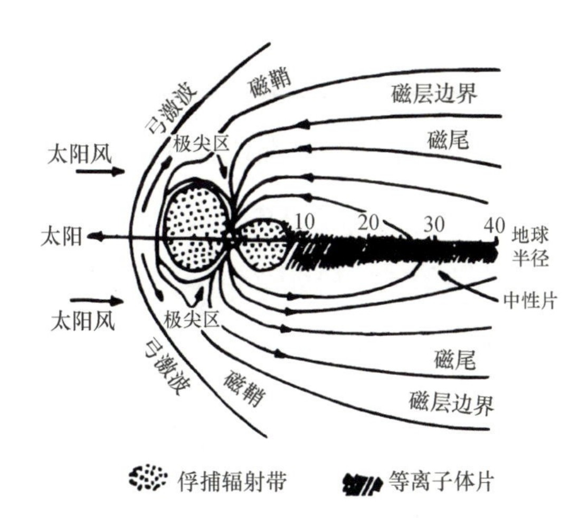

图 4-4 地球磁层的基本结构（图中数字均以地球半径为单位）

体和磁场。弓形激波波阵面（简称弓激波）是太阳风高速接近地磁场的边缘时形成的一个无磁撞的地球弓形激波的波阵面。弓激波和磁层边界之间的区域称为磁鞘，磁鞘中等离子体来自经过弓激波加热的太阳风，平均速度由激波上游 400 m/s 下降到 250 m/s 左右，密度随着远离弓激波接近磁层边界而减小，但是始终比磁层内的密度高。背日面磁层沿着太阳风方向被拉伸成几百个甚至一千个地球半径的尾状结构形成磁尾，相当于等离子体和能量的仓库。磁尾中存在着一个特殊的界面，在界面两边磁力线突然改变方向，此界面称为中性片（电流片），它对来自太阳的带电粒子进入地磁场可能起着重要作用。

总之，地球磁层是地球免受太阳风和宇宙射线等带电粒子的高能辐射的屏障，是太阳风与地球大气之间相互作用的关键因素。

• 4.1.4　空间环境与人类活动（航天活动、月球与行星探测等）的关系

人类从来没有停止对浩瀚宇宙的探索，从成功登上月球、发现地球内外辐射带，到绘制火星地形图等，这些探测使我们对宇宙的理解有了巨大的突破。迄今为止，世界数个国家已成功发射了用于空间探测的卫星和探测器，空间探测是利用航天器对地球大气层以外的整个太阳系内的空间，包括除地球以外的所有天体——太阳、月球、行星、小彗星以及彗星等进行就近或实地探测的活动。空间探测可以根据其探测的对象和区域划分为日地空间探测、月球探测和行星探测。日地空间探测是指对太阳系中距离太阳最近的区域的探测活动，包括地球的轨道和磁层以及太阳，其目标之一是研究太阳活

动，包括太阳黑子、太阳耀斑和太阳风等，这些活动对地球的太空天气和通信系统有着重要的影响。此外，这些探测也有助于理解地球的磁场和地球的磁层与太阳风之间的相互作用。月球探测是指对月球表面和周围空间的研究和探索，包括着陆器和轨道器的任务，它们研究月球地质、表面特征、矿物质成分以及月球的历史。月球被认为是未来太空探索的一个重要目标，可能会建立月球基地用于科学研究和作为深空探索的起点。行星探测涉及研究太阳系中的其他行星和它们的卫星，包括对火星、金星、木星、土星等行星的探测任务，目标是了解行星的大气、地质、地表特征、磁场和可能存在的生命迹象。火星探测尤为重要，因为它被认为可能存在生命。

太空环境对航天器和航天员的影响是航天领域长期以来的重要问题，以下是一些主要的太空环境因素和它们可能带来的影响和危害。① 辐射，太空中存在不同类型的辐射，长期暴露于太空辐射可能增加癌症和其他健康问题的风险。② 微重力，太空中的微重力环境可能导致骨密度和肌肉质量的丧失，还可能导致心血管系统和视觉系统的问题，对航天员的健康有潜在影响。③ 宇宙尘埃，宇宙中存在微小的尘埃颗粒，它们可能对航天器的表面和设备造成磨损，甚至损坏航天器的窗户或太阳能电池，在低地球轨道中，还存在大量的微小碎片和废弃物，它们可能对航天器构成碰撞威胁。④ 太阳风，由太阳释放的带电粒子流，它们可能对航天器的电子设备和通信系统造成干扰，可能引发太空天气事件，对卫星和航天器造成损害。为了应对这些挑战，航天器采取了一系列防护措施，包括使用辐射防护材料、生活支持系统、微重力锻炼设备等。此外，对于载人航天，航天员的选训和健康监测也至关重要，以确保他们能够在太空中安全工作。太空环境预报和监测也是必不可少的，以及时警告和规避太空天气事件。

总之，太空环境因素的影响因多种因素而异，但它们在航天活动中的重要性不可忽视，对航天器和航天员的安全和任务成功至关重要。科学家和工程师不断努力改进技术和防护措施以提高太空探索的安全性和效率。

令人骄傲的“夸父一号”

第25个太阳活动周期始于2020年下半年，持续到2031年左右。这一周期内的活动峰值将出现在2024年下半年到2025年上半年，此时太阳爆发现象也最频繁。

先进天基太阳天文台“夸父一号”于2022年10月9日清晨发射升空，随即卫星和各单机按计划依次开机，此后进入4～6个月的在轨测试。测试完成后，卫星将正式交付科学应用系统管理，届时经过处理后的观测数据和数据分析软件将实时对外开放，让全球的太阳物理学家都有机会使用“夸父一号”的科学数据开展研究工作。“夸父一号”卫星首席科学家、中国科学院紫金山天文台研究员甘为群介绍“夸父一号”的核心科学目标是“一磁两暴”，即太阳磁场，以及太阳上两类最剧烈的爆发现象——太阳耀斑和日冕物质抛射。“夸父一号”依靠多个波段的探测，可以较为连续地观测、追踪太阳爆发的全过程，为影响人类航天、导航等高科技活动的空间灾害性天气预报提供支持。它搭载的莱曼阿尔法太阳望远镜和太阳硬X射线成像仪，可以从紫外线、可见光和X射线波段观测太阳。据介绍，太阳硬X射线成像仪像是一个精密“复眼”，可以精准捕捉来自太阳的X射线信息；莱曼阿尔法太阳望远镜可以同时观测全日面和 2.5 个太阳半径内的近日冕处莱曼阿尔法光。“夸父一号”总重约 859 kg，在太阳探测卫星中体型“中等”，但它是个吞吐数据的“大胃王”。每天它将积累和回传约 500GB 数据，相当于向地球发送几万幅太阳的“高清大图”。卫星科学应用系统副总工程师黄宇说：“如果算上处理和加工，每天产出的数据将塞满一台家用电脑的硬盘，这在全球的太阳探测卫星中也属于第一梯队。”这些数据被接收、还原后，将被打包发送到位于中国科学院紫金山天文台的卫星数据分析中心。未来 4 年卫星在轨积累的数据将存储在这里，并由科研人员“翻译”成为可供科学研究的图像和资料。

4.2 太阳风暴与磁暴

Solar storms and magnetic storms

• 4.2.1 太阳风暴与磁暴灾害的特点及其可能的影响范围

（1）太阳风暴

太阳风暴通常由太阳上的磁活动引发。正如地球大气的风暴有风、云、雨、雪、电闪、雷鸣等多种现象，太阳风暴包括太阳黑子、太阳耀斑、太阳日珥爆发，以及日冕物质抛射。这些事件都涉及太阳大气中的磁场扭曲和能量释放。科学家通过对太阳活动和近地空间环境的监测、研究，逐渐了解到太阳风暴的一些特点和规律，最为突出的是太阳风暴的周期性、突发性和地域性。① 周期性：太阳活动确实具有明显的周期性，大约每 11 年出现一次，这个周期是根据太阳黑子数量和太阳 10.7 cm 射电流量等指标来确定的。在此周期内太阳的活动水平会经历升高和降低，即太阳活动高年和低年，对太阳风暴的发生和强度有重要影响。② 突发性：指它们的具体发生时间和强度难以准确预测。尽管科学家可以监测太阳活动，但对于特定的太阳风暴事件很难提前确定其发生的确切时间和强度，这使得对太阳风暴的预测成为一项具有挑战性的任务。研究人员仍在不断努力提高预警和监测系统的准确性。③ 地域性：指太阳爆发引发的太阳风暴在地球空间中的不同位置会产生不同程度的影响，取决于地球空间环境的复杂性，例如，地球的磁场结构、电离层密度分布等因素。此外，太阳活动的直接影响也与地球上的地理位置有关，例如，在两极地区地球磁场线的接近会增加太阳风暴的影响，而在赤道附近则相对较小。

自 1957 年人类进入太空以来，太阳风暴导致卫星失效的事情也不乏其数。2000 年 7 月 14 日的巴士底太阳风暴（因发生在法国大革命攻占巴士底狱的纪念日而得名），是在第 23 个太阳周期靠近太阳极大期的峰值时发生的，在活跃区 9077 产生了一个 X5.7 级的闪焰，15 min 之后，高能量的质子轰击到电离层，引发了 S3 辐射风暴，使多颗卫星发生故障、一颗卫星失效，美国地球静止轨道环境业务卫星 GOES-10 大于 2MeV 的电子传感器发生故障，导致近两天的数据没有传输；美国先进成分探测卫星（ACE）的一些传感器发生了临时性故障；美国的太阳与日球层观测卫星（SOHO）的太阳能电池板输出永久性退化，卫星减寿一年；美国“风”卫星（WIND）的主要传输功率有 25% 永久丢失；日本黎明试验型 X 射线观测卫星（AKEBONO）的计算机遭到破坏。日本的宇宙学和天体物理高新卫星（ASCA）是 1993 年发射的一颗 X 射线天文卫星，因这次事件而失去高度定位，导致太阳能电池板错位而不能发电，于 2001 年 3 月坠入地球大气层。

（2）磁暴灾害

太阳风暴与行星相互作用会产生许多重要的基本空间物理现象，包括产生电磁波、等离子体加热、高能粒子加速和行星磁暴，一次大的太阳风暴可以触发产生地球磁暴活动。我们主要关注地球磁暴，即地磁暴。

高速等离子体云从太阳日冕抛射出来，携带着日冕磁场冲击地球磁层，使磁层压缩变形，它通常携带南北方向转动的磁场，当磁场转为南向和地磁场相互作用时，太阳风会将巨大的能量倾泻到磁尾的大尺度空间中，使磁尾等离子体片中大量的带电粒子注入环电流中，使环电流强度发生变化，而变化的电流会产生变化的磁场，从而引起全球范围剧烈的地磁扰动——地磁暴。地磁暴发生时，这种全球性的剧烈扰动会在整个磁层持续十几个小时到几十个小时的时间，所有地磁要素都发生剧烈变化。其中地磁水平分量 H 变化最大，其扰动幅度通常在几十纳特斯拉到几百纳特斯拉之间，最能代表磁暴过程特点（其变化在中低纬度地区表现得最为突出），所以磁暴的大部分形态学和统计学特征是依据中低纬度 H 分量的变化得到的。典型磁暴的发展过程也是按照 H 分量的变化来划分的，通常可分为三个阶段：初相、主相和恢复相。初相阶段，磁场水平分量增强并持续若干小时，在主相其值大幅度下降，可以是几小时，也可以长达一天。随后就是磁暴的恢复相，其值开始缓慢恢复到磁暴前的水平。磁暴的初相和主相是由不同的物理机制引起的。前者受太阳风动压影响，后者是行星际磁场与地球磁场重联的结果，而且初相后面有可能没有主相。有时连续两次太阳活动事件相隔较近，会增加磁暴的复杂性。磁暴可以分为重现型和非重现型两类。重现型磁暴每天发生一次，与太阳的自转周期相对应，这是由于地球磁层遇上与太阳共旋的太阳风高速区中的南向磁场，这种磁暴往往发生在太阳周的衰退期。非重现型磁暴是由行星际扰动造成的，通常与行星际激波和驱动激波相关，这种磁暴往往发生在太阳活动极大时期。2016 年日本名古屋大学宇宙地球环境研究所盐田大幸特别助教和日本国立极地研究所片冈龙峰教授带领的研究团队，开发出可再现太阳爆发活动时释放的高速等离子体云和强磁场冲击地球磁层全过程的数据模拟系统，较以往的系统精确度更高。该项研究成果有望提高对磁暴形成过程及规模的预测精度。

• 4.2.2 太阳风暴与磁暴的预报

（1）太阳风暴预报

太阳风暴预报的一般原理是仔细分析观测资料，了解太阳爆发性事件与空间天气状况分布与演变的特点，利用空间天气学原理诊断和分析为什么会在行星际和地球空间出现这样的天气，为什么有这样的天气特点，利用动力学和磁流体动力学原理结合空间天气学模型或统计方法以及最新观测资料进行未来的空间天气预报。目前太阳风暴的预报方法主要包括经验预报法、统计预报法和物理预报法等，其中经验预报和统计预报主要依据预报因子和预报对象之间存在简单的统计关系，利用与日地物理过程有关的观测量给出需要预报的物理量时变曲线或灾害事件发生概率、位置和强度，不需要深究其中的物理背景，具有很好的实用性。其主要分析技术包括自回归分析、小波分析、模糊分析、神经网络技术等。此类预报模式的创新途径主要有两种——预报因子更新和分析技术更新，然而分析技术的更新受数学研究进展制约，预报因子的更新受观测积累制约。物理预报法是在充分了解和认识引起空间环境变化的物理过程和机制的基础上引入物理模型进行的预报，利用已建物理模型，输入初始条件和边值条件，得出数值后分析空间分布和时间演化。

在日常天气预报中，尤其是面对即将到来的恶劣天气状况时，人们会密切关注气象台发布的各类气象警报，例如，高温橙色警报、黄色警报和蓝色警报等。不同颜色的警报等级辅助人们判断灾害的严重性和紧急程度。太阳风暴作为一种灾害性空间天气事件，也可大致分为三级，分别以红色、橙色和黄色对应强、中等和弱太阳风暴警报（表 4–1）。

表 4–1　太阳风暴警报等级以及影响

太阳风暴等级	事件类型	指标范围	可能的影响和危害
强太阳风暴（红色警报）	强 X 射线耀斑	射线流量≥10^{-3}	通信：向阳面大部分地区的短波无线电通信中断 1～2 h，信号消失；低频导航信号中断 1～2 h，对向阳面卫星导航产生小的干扰
	强质子事件	质子通量≥10^{3}	卫星：卫星电子器件程序混乱，成像系统噪声增加，太阳能电池效率降低，甚至更严重；通信：通过极区的短波无线电通信受到影响，导航出现误差；其他：宇航员辐射危害增加，极区高空飞机乘客可受到辐射伤害

续表

太阳风暴等级	事件类型	指标范围	可能的影响和危害
	强地磁暴	地磁指数 K_p=9	卫星：可能发生严重的表面充电，难以定向和跟踪； 通信：许多区域短波通信中断 1～2 天，低频导航系统可能失灵几小时； 电力：电网系统发生电压控制问题，保护系统也会出现问题，变压器可能受到伤害
中等太阳风暴（橙色警报）	中等 X 射线耀斑	$10^{-4} \leqslant \sim < 10^{-3}$	通信：短波无线电通信大面积受到影响，向阳面信号损失约 1 h，低频无线电导航信号强度衰减约 1 h
	中等质子事件	$10^{2} \leqslant \sim < 10^{3}$	卫星：电子器件可能出现逻辑错误； 通信：通过极区的短波无线电传播有一些影响，在极盖位置的导航受到影响
	中等地磁暴	$7 \leqslant K_p < 9$	卫星：可能发生表面充电，跟踪出现问题，需要对卫星的定向进行校正； 通信：卫星导航、低频无线电导航和短波无线电传播可能会断断续续出现问题
弱太阳风暴（黄色警报）	弱 X 射线耀斑	$10^{-5} \leqslant \sim < 10^{-4}$	通信：向阳面短波信号强度衰减较小，低频导航信号强度短时衰减
	弱质子事件	$10 \leqslant \sim < 10^{2}$	通信：对极区短波无线电通信有一些影响
	弱地磁暴	$5 \leqslant K_p < 7$	卫星：卫星操作可能有小的影响，或需要由地面发出指令对卫星的定向进行校正，大气阻力增加影响轨道预报； 电力：电力系统可能出现电压不稳

注：射线流量单位：W/m^2；

质子通量单位：个 / （$cm^2 \cdot s \cdot sr$）

太阳风暴的研究有助于推动多学科、多领域的进展，有助于实现海陆空无缝隙天气保障，满足空间天气在卫星、航天、国防等其他相关技术产业中的应用需求。

（2）磁暴预报

磁暴预报需要根据不同的时间尺度来进行预报，以便更好地应对这一自然现象的影响。① 警报级预报：是对未来几小时内可能发生的地磁暴等级进行的预测。它主要依赖于地磁指数 K_p 和 Dst 指数的监测，这些指数可以在 L1 点上的太阳风监测中获得。这种类型的预报非常重要，因为它可以提供短时间内的警告，让人们有时间采取必要的措施以减少地磁暴可能对技术和通信系统的影响。② 短期预报：短期预报通常提前 1～3 天，主要预测未来 3 天内的 Ap 指数日值。这种预测更多地依赖于预报员的经验，但也可以考虑太阳活动、太阳风监测以及以往的地磁暴事件数据，这有助于规划长时间航空飞行、天线系统的调整和其他长时间活动。③ 中期预报：通常提前几天到几个月，主要预测未来一个月内的 Ap 指数日值。这种预报更多地依赖于对 CME（日冕物质喷射）和 CIR（行星际太阳风冲击波）发生可能性的预测。通过对太阳活动的观测和分析，可以预测这些事件的可能性，从而提前准备。

对于地磁暴警报级别的划定，通常以地磁指数 K_p 表征（表 4-2）。地磁指数 K_p=9 为强地磁暴，发红色警报；地磁指数 $7 \leqslant K_p < 9$ 为中等地磁暴，发橙色警报；地磁指数 $5 \leqslant K_p < 7$ 为弱地磁暴，发黄色警报。在一个太阳活动周中，弱地磁暴发生次数约 2000 次，中等地磁暴约 300 次，而强地磁暴仅为几次。

表 4-2　磁暴警报等级以及影响

警报级别	指标范围	可能的影响和危害
红色警报	$K_p=9$	卫星：可能发生严重的表面充电，难以定向和跟踪； 通信：许多区域短波通信中断 1～2 天，低频导航系统可能失灵几小时； 电力：电网系统发生电压控制问题，保护系统也会出现问题，变压器可能受到危害
橙色警报	$7 \leqslant K_p < 9$	卫星：可能发生表面充电，跟踪出现问题，需要对卫星的定向进行校正； 通信：卫星导航、低频无线电导航和短波无线电传播可能会断断续续出现问题； 电力：电网系统出现比较普遍的电压控制问题，某些保护系统也会出现问题
黄色警报	$5 \leqslant K_p < 7$	卫星：卫星操作可能有小的影响，或需要由地面发出指令对卫星的定向进行校正，大气阻力增加影响轨道预报； 电力：电力系统可能出现电压不稳

4.3 陨石撞击

Meteorite impact

• 4.3.1　陨石撞击地球原因

陨石是星球以外脱离原有运行轨道的固体碎片散落到地球表面。陨石撞击地球的原因有以下几点：① 大量的陨石和小行星。太阳系中有数以亿计的陨石和小行星，在水星和土星之间形成了小行星带，它们沿着不同的轨道运行，有时会与地球的轨道相交，也就意味着它们会在某个时刻非常接近地球。② 引力作用。地球和其他天体的万有引力可以使小行星或陨石的轨道发生改变使它们接近地球。③ 天体碰撞。当一个小行星或陨石与地球相撞时，它会进入地球的大气层，物体进入大气层时受到摩擦、压力、与大气气体的化学作用等使其升温、发光，称为流星或流星体。如果它足够大或速度足够高，就会穿过大气层撞击地球表面。迄今为止，地球上各大洲都已经发现了陨石。④ 大气层的影响。当陨石或小行星进入地球的大气层时，由于摩擦和气体压力的影响，它们会受到减速和加热，最终可能坠落到地球表面。

大多数陨星和小行星质量都较小，大部分会在地球大气层中被烧毁或分解，少数较大的到达地表对地球构成潜在威胁。科学家们为了解潜在的碰撞威胁，一直在监测、研究太阳系中的小行星，以此规避潜在风险。

• 4.3.2 陨石撞击的地貌特点、陨石坑与火山坑的区别

4.3.2.1 陨石撞击的地貌特点

陨石撞击形成的地貌类型多样，最常见的有以下几类：

（1）撞击坑

撞击坑是由陨石撞击地球形成的凹陷区域，通常是一个圆形或椭圆形的坑洞。撞击坑周围的地貌通常会呈现出坑壁和坑底之间的明显高差。陨石坑可划分为三类：简单坑、复杂坑、多环盆地。简单坑平面呈圆形，剖面似碗状（图 4-5），坑内充填撞击形成的岩石碎屑和熔融物；撞击产生的溅射物

主要堆积在坑缘附近，造成坑缘高于周边地表；地球上简单坑的直径一般小于 4 km。复杂坑直径较大，中央隆起但由于深度与直径之比（深度 / 直径）小，整个坑较为平坦（图 4-6）。复杂坑内充填着岩石碎屑和熔融物，在陨石坑中心附近还会出现熔岩席。多环盆地是巨型陨石坑（直径>100 km）的形态，其特征是一片平坦的地形被一些环形山围绕，地球上目前仅发现五个，即 Vredefort（250～300 km），Sudbury（250～300 km），Chicxulub（180 km），Manicouagan（100 km），Popigai（100 km）。

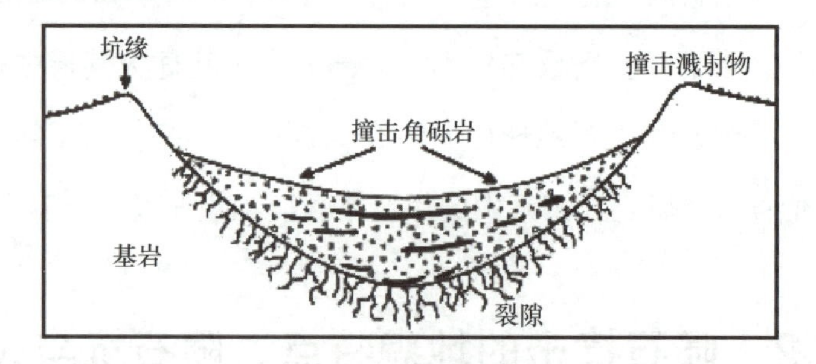

图 4-5　简单坑剖面示意（引自 French B M. Traces of catastrophe: A handbook of shock-metamorphic effects in terrestrial meteorite impact structures [M]. Houston: Lunar and Planetary Institute，1998.）

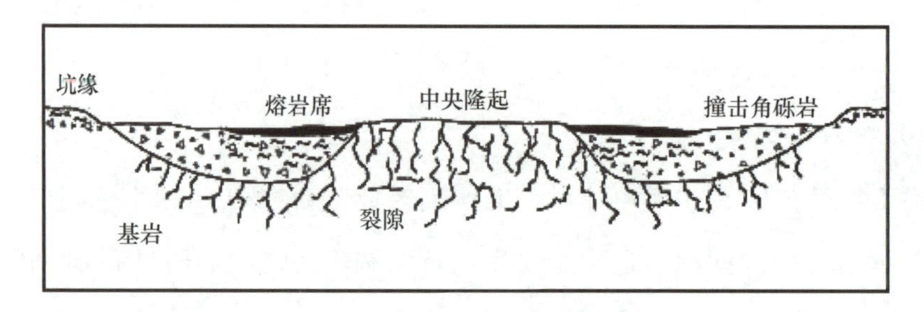

图 4-6　复杂坑剖面示意 [引自尹锋. 陨石坑及其判别标志 [J]. 湖南科技大学学报（自然科学版），2021，36（1）：7.]

（2）环形山

环形山通常位于陨石坑的边缘，它们呈圆形或半圆形，高度可能相对较高且在地表上形成醒目的地貌特征。天体高速撞击地球或其他行星表面时带来的巨大的能量导致地表物质的爆炸性抛射和熔融。在撞击发生时，地表的岩石和土壤会被抛射到空中形成一个向外扩散的喷射物质云。当喷射物质降落回地表时，它们重新堆积在陨石坑的周围，尤其是在坑的边缘。这个过程会导致环形山脊的形成，因为堆积的物质形成了高耸的山脊。环形山是陨石坑的重要标志，它们提供了有关撞击事件的信息，包括撞击的能量和角度以及地表物质的运动和堆积过程。科学家可以通过研究陨石坑中的环形山来了解更多有关地球和其他行星上过去天体碰撞事件的历史。

（3）陨石坑的中央丘陵

在一些大型陨石坑中，撞击产生的能量会导致中央地区抬升形成丘陵地貌，这些中央丘陵通常位于陨石坑的中心。

（4）射纹状地形

一些陨石坑周围会出现射纹状地形，这是由于陨石撞击时释放的能量导致地表物质被抛射到周围地区，形成放射状地形。

（5）撞击熔融坑

在撞击能量非常高的情况下，地表物质快速熔化，熔融的物质迅速扩散并形成一个临时的岩浆池，一旦岩浆凝固将形成一个撞击熔融坑，通常呈圆形或椭圆形。

4.3.2.2 陨石坑与火山坑的区别

火山坑是火山喷发后形成的环形坑，呈漏斗状或碗状，一般位于火山锥顶端（无锥火山口则位于地面，称负火山口），下面有火山管构造。陨石坑是由陨石撞击地球形成的凹陷区域，通常是一个圆形或椭圆形的坑洞。两者在多方面存在差异：① 成因方面，陨石坑是由外太空的小天体（通常是陨石或小行星）撞击地球或其他天体表面形成的。撞击事件释放了极大的能量，导致地表物质被抛离。火山坑是地球内部释放能量，岩浆、气体和碎屑物质被喷射出来，由喷发口周围的地表坍塌形成的。② 地质特征，陨石坑通常具有圆形或椭圆形的外观，底部通常较平坦。在大型陨石坑中，可能会有中央丘陵和射纹状地形。火山坑的形状各种各样，通常取决于火山活动和火山口特征。火山坑的底部可能有岩浆、火山口湖泊或其他地质特征。③ 形成时间尺度，陨石坑的形成通常是瞬间的，撞击事件后能量释放很快，在地质时间尺度上被认为是相对年轻的地质特征。火山坑的形成通常需要较长时间，它们可能是相对年轻的，也可能非常古老。④ 地质过程，陨石坑的形成是由高速陨石撞击引发的物理过程，包括能量释放、物质抛射和地表坍塌。火山坑的形成与火山活动有关，包括岩浆上升、喷发、岩浆喷射和火山口周围地表的坍塌。

总之，陨石坑和火山坑是由不同的地质过程引发的，具有不同的形状和地质特征，因此可以通过研究它们的形状、形成原因以及地质背景来区分。

• 4.3.3 现今陨石撞击实例与地质历史时期的证据

（1）现今陨石撞击实例

南极洲的干燥寒冷气候与白色背景使其成为寻找陨石的理想地点。过去100年里科学家已经在南极洲发现了超过4.5万颗陨石，其中大部分是微陨石，重量从几十克到几百克不等。2023年1月31日，科学家在南极洲发现一颗罕见的大型太空陨石，这颗陨石重达7.6 kg，是南极洲迄今为止发现的最大的太空岩石之一。科学家使用机器学习模型对卫星图像进行分析以确定没有积雪的冰区，然后使用雪地摩托系统探索这些地区，最终找到了这颗大型陨石。这颗陨石被送到比利时并放在冷藏箱中，防止融化破坏其脆弱的化学结构。

2021年2月，Winchcombe陨石坠落在英国格洛斯特郡一条车道上，这颗陨石为地球科学和太空科学的研究提供了重要信息。Winchcombe陨石是一种罕见的CM碳质球粒陨石，与其他类型的陨石相比，它在地质学和化学方面具有特殊性。研究结果表明，它含有大约2%的碳，这是一项重要的发现，因为它可以揭示有关太空中碳的信息。它含有大约11%的地外水，这些水分大部分被锁在矿物中，这项发现对科学家们理解太阳系早期阶段流体和岩石之间的化学反应以及地外水的起源具有重要意义。该陨石的研究还有助于解答关于地球海洋起源以及太阳系早期化学过程的重要问题，这些信息对于我们理解地球和太阳系的演化过程非常重要，有助于深入了解太阳系的起源和演化，以及地球上生命的可能起源，对地球科学和太空科学领域都具有重要意义。

（2）地质历史时期的证据

希克苏鲁伯陨石坑形成于约6500万年前，这个时间与白垩纪-第三纪灭绝事件的时间相吻合，该撞击事件被广泛认为是导致恐龙和许多其他生物群体灭绝的原因之一。由于年代久远，希克苏鲁伯陨石坑地表已不可见，其原始的直径预估有240 km，目前残留的直径大约有180 km，深度约为25 km，整体略呈椭圆形。据推测，造成坑洞的陨石在撞击后完全蒸发，释出高达5.0×10^{23} J的能量，相当于90多万亿吨TNT炸药，足以引发大海啸、地震和火山爆发并使大量灰尘进入大气层，完全遮盖阳光、改变全球气候，造成核子冬天。希克苏鲁伯陨石坑的证据包括地层中的薄黏土层，其中富含铱。这种铱含量的异常可以追溯到撞击事件，因为陨石中的铱含量远高于地球地壳中的含量。物理学家路易斯·阿尔瓦雷斯（Luis Alvarez）及其儿子——地质学家Luis W. Alvarez首次提出了天体撞击导致灭绝事件的假说，这一理论后来得到了进一步的支持。

弗里德堡陨石坑在南非约翰内斯堡附近，是迄今地球上最大的陨石坑，形成于大约20亿年前。《地球物理学研究：行星》的一项研究显示，造成弗里德堡陨石坑的天体的直径，可能比之前的估计要大得多，为250～280 km，远远超过了先前估计的15 km，这意味着撞击事件释放的能量和影响可能比先前认为的更大。经过20亿年时间，弗里德堡陨石坑已经被侵蚀，这使得科学家很难直接估计陨石坑的初始大小，因此也很难推断形成陨石坑的天体的大小和速度。这项研究的结果还具有重要的未来意义。通过更准确地了解过去的陨石坑的形成过程，科学家们可以改善模拟未来潜在的天体撞击事件的能力。这对于地球和其他行星的天体碰撞风险评估和防御计划具有重要意义。

流星雨

流星雨是一种壮观的自然现象，通常由彗星或小行星释放出的碎片组成。当地球穿越这些碎片的轨道时，这些碎片进入地球大气层，由于摩擦和高速运动，产生明亮的火球。流星雨通常在特定的时间段内能被观测到，这些时间段称为流星雨的“极大期”。在极大期时，流星的数量会显著增加，因此观测更容易。一些流星雨每年都会发生，而其他一些可能需要更长时间才会再次出现。观测流星雨时，选择一个没有光污染的地点非常重要，远离城市的乡村地区或天文台通常是理想的观测地点。大多数流星是短暂的，通常只持续几秒钟。它们燃烧时会发出明亮的光芒，被称为“火球”。一些幸运的观测者可能会看到流星在夜空中留下的明亮的尾巴。观测流星雨时，最好选择一个晴朗的夜晚，不需要望远镜或其他设备，因为流星通常在夜空中移动得非常快，肉眼观测就足够了。狮子座流星雨是一年中的一个重要天文事件，通常在每年的 7 月下旬至 8 月中旬达到极大值，因此这是观测狮子座流星雨的最佳时间。

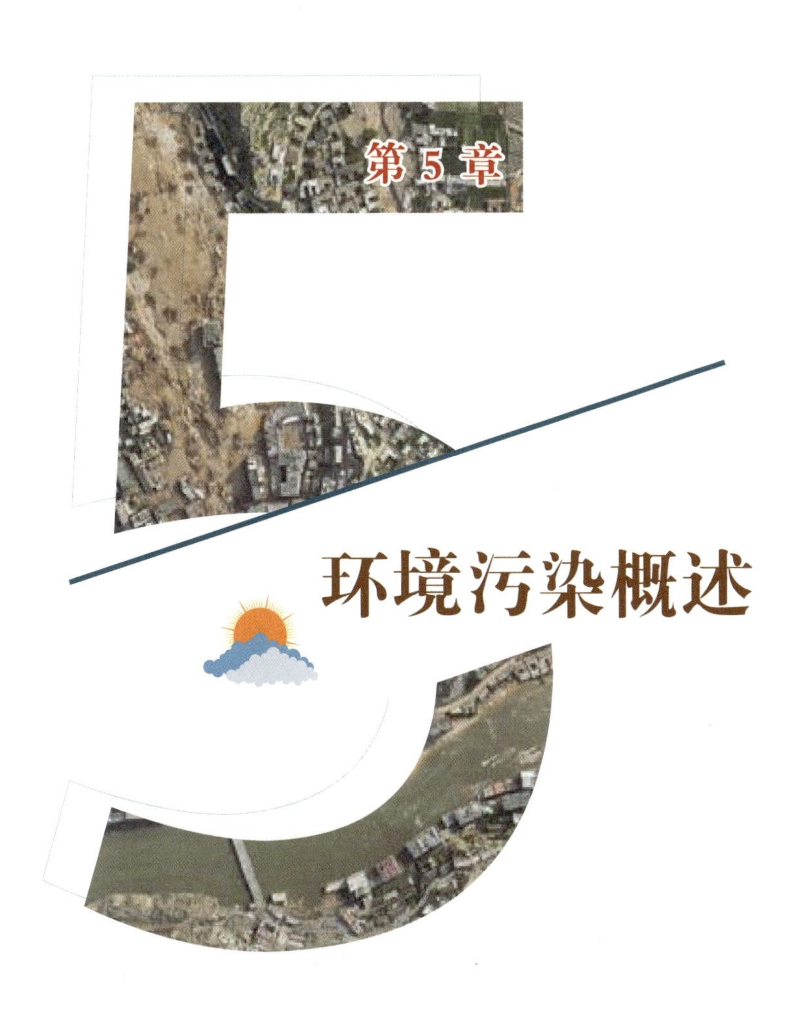

第5章

环境污染概述

人类在生产生活过程中，一方面不断从自然环境中获取自然资源，另一方面又会将废弃物排放到自然环境中。在此过程中，如果过度获取资源，将会产生资源短缺和生态破坏问题；如果过度排放废弃物，将会产生环境污染问题。

环境污染是指自然环境中混入了对人类或其他生物有害的物质，其数量或程度超出环境自净能力，从而改变环境正常状态的现象。

人类在生产生活中，排入大气、水体和土壤等自然环境而引起环境污染或导致环境破坏的物质，称为环境污染物。

环境污染可以分为不同的类型。按污染对象划分，可分为大气污染、水污染、土壤污染等。按污染物的形态划分，可分为废气污染、废液污染、固

体废弃物污染、噪声污染、光污染、辐射污染等。按污染物的性质划分，可分为物理污染、化学污染和生物污染。按污染物来源划分，可分为生产污染和生活污染，其中生产污染又可分为农业污染、工业污染、交通污染等。按污染产生的过程划分，可分为一次污染和二次污染。按污染的空间范围大小划分，可分为全球性污染、区域性污染和局部性污染。

生产性污染物和生活性污染物

根据污染物的来源，可以将环境污染物分为生产性污染物和生活性污染物。

工业生产过程中形成的“三废”——废气、废液、废渣，如果未经处理或处理不当就排放到环境中，可能会造成污染。此外，工业生产和交通运输产生的噪声等，对环境和人体健康也会产生不利影响。

农业生产中化肥、农药（如杀虫剂、杀菌剂、除草剂、植物生长调节剂等）使用不当，会造成农作物、畜产品及野生生物体内污染物质残留，同时也会对大气、水、土壤等造成不同程度的污染。

生活性污染物中，污水、垃圾、粪便、油烟等生活废弃物处理不当是污染水、土壤、空气及孳生蚊蝇的重要原因。粪便可用作肥料，但如果处理不当，也可能造成某些疾病传播。随着人口增长和消费水平不断提高，生活垃圾大量增加，其性质也发生了变化。例如，生活垃圾中的塑料及其他高分子化合物等成分，增加了无害化处理的难度。

5.3 特征
Characteristic

环境污染与生态破坏、资源短缺、自然灾害一样均属于环境问题。人类在生产和生活中排出的废弃物进入环境，积累到一定程度就可能会形成环境污染，对人类产生不良影响。环境污染具有以下特征：

第一，公害性。环境污染对人类无任何差别影响，一律受害；不受地区、国界限制，到处为害。

第二，潜伏性。许多污染不易及时发现，长期潜伏，“慢性杀人”，一旦暴发，则往往不可收拾。

第三，长久性。许多污染长期且连续不断地影响、危害着人们的健康和生命。有些污染源虽已拆除，但污染物及其毒害仍长期不能消除，有的甚至根本不能消除。

第四，复杂性。污染物种类繁多，性质各异。而且一旦释出，经过物理、化学、生物等作用过程，又发生代谢、转化、分解、聚集，形成新的污染物，令人防不胜防。

第五，严重性。一方面，污染使受害者付出健康甚至生命的高昂代价，若危害多人或群体，则代价更高；另一方面，为治理污染也必须付出巨额的费用，有的比起预防费用常高出许多倍，而且常常事倍功半，不易收效。

5.4 时空分布

Spatiotemporal distribution

受产业类型和结构、社会经济发展水平、环境意识和政策、科学技术水平、自然环境及变化等多种因素影响，环境污染的时空差异较大。

• 5.4.1 时间变化

（1）日变化

环境污染物浓度受到天气、人类活动等日变化影响，表现为以日为周期的变化。例如：日出前后，由于逆温最显著，大气污染物浓度往往是一天中最大的；正午过后，一般是一天中气温最高的时候，此时大气对流运动往往最强，污染物容易扩散，因此大气污染物浓度最小。城市道路交通流量有明显的日变化，因此大气污染物浓度及噪声污染程度也会随之变化。

（2）年变化

气温、降水、光照、水量、植被等自然要素均有季节变化，加上人类活动也会有季节变化，这些都会对环境污染的年变化产生影响。例如，我国北方地区，冬季寒冷干燥、逆温显著、树木落叶，加上燃煤取暖，因此冬季是一年中大气污染最严重的季节。我国许多河流夏季水量大、冬季水量小，对水的自净能力有很大影响，因此夏季一般水质较好，冬季水质较差。但在一些湖泊和海湾，由于夏季水温高，往往更容易发生富营养化，甚至导致藻类暴发。

（3）长期变化

农业社会时期，因为农业没有大量使用化肥、农药，没有大规模开采矿产和发展工业，因此环境污染不很严重。到了工业社会，由于人地关系加剧，环境污染变得十分严重。到了后工业社会，人们意识到环境污染后果的严重性，加强了对环境污染的治理，但也存在环境污染跨境转移的问题。

5.4.2 空间分布

环境污染存在着明显的区域差异。一般而言，发达国家环境污染少些，发展中国家环境污染严重些；乡村地区环境污染少些，城市地区环境污染严重些。

中国城市的 $PM_{2.5}$

$PM_{2.5}$ 是指大气中直径小于或等于 2.5 μm 的颗粒物，也称为可入肺颗粒物。它的直径还不到人的头发丝直径的 1/20。虽然 $PM_{2.5}$ 只是地球大气成分中含量很少的组分，但它对空气质量和能见度等有着重要影响。与较粗的大气颗粒物相比，$PM_{2.5}$ 粒径小，富含大量的有毒、有害物质且在大气中的停留时间长、输送距离远，因而对人体健康和大气质量的影响更大。

2015 年 10 月，《科学报告》刊载了南京大学章炎麟和曹芳的研究成果“中国城市的 $PM_{2.5}$”。这项系统性研究首次对中国 190 个城市进行了长达一年的 $PM_{2.5}$ 浓度监测。

研究结果表明，被监测的 190 个城市中，仅 25 个城市达到了国家环境空气质量标准。中国城市加权人均 $PM_{2.5}$ 是 61 $\mu g/m^3$，是全球均值的 3 倍。从空间分布来看，中国北方城市的 $PM_{2.5}$ 浓度普遍高于南方。从时间分布来看，$PM_{2.5}$ 浓度冬天最高，夏天最低；每天晚上最高，下午最低。

从空间分布来看，$PM_{2.5}$ 浓度普遍较高的城市都位于中国北方和内陆地区，而南方和沿海地区的 $PM_{2.5}$ 浓度相对较低。京津冀地区 $PM_{2.5}$ 的年平均浓度最高，因为这里是重工业最密集也是烧煤最多的地区。全国雾霾最严重的 10 个城市中有一半位于京津冀地区，分别为保定、邢台、石家庄、邯郸和衡水。京津冀地区的气候特征也是污染加剧的原因之一。弱风静稳天气和较低的大气边界层利于气溶胶的聚积和形成。海南省 $PM_{2.5}$ 的浓度最低，这是得益于较低的人为排放量以及当地有利大气扩散的气候条件。由于煤炭产业较少且大气扩散性较好，珠江三角洲的 $PM_{2.5}$ 浓度普遍低于其他两个大城市群，即京津冀和长江三角洲地区。

$PM_{2.5}$ 浓度的季节性变化非常明显。通常来说，冬季 $PM_{2.5}$ 浓度最高，夏季 $PM_{2.5}$ 浓度最低。冬季 $PM_{2.5}$ 浓度高的原因主要在于燃煤供暖、生物质燃烧和不利于空气扩散的气候。此外，有机或无机的悬浮颗粒也会产生大量的空气污染物。

北京秋冬季的 $PM_{2.5}$ 浓度不仅明显比春夏季高，而且日昼夜变化幅度也明显比春夏季的大。夜间 $PM_{2.5}$ 峰值比下午要高出 2 倍。$PM_{2.5}$ 浓度最低的时候是下午。这个时段内大气边界层升高，风速也增加。但从下午 4 点开始，$PM_{2.5}$ 的浓度开始上升，大气边界层的高度不断降低，车辆尾气排放明显增加。此外，只允许夜间行驶的柴油货车也是加重空气污染的原因之一。重型车辆的污染物排放量是轻型车辆的 6 倍。

5.5 原因
Reason

绝大多数环境污染问题是由人为因素引起的。

首先，工业生产虽然大大提高了社会生产力和城市化水平，也增强了人类对环境的改造和控制能力，但是向自然环境索取的资源也日益增多，工业生产中产生的众多化学物质进入地球表层，全球的大气、水体、土壤乃至生物都受到了不同程度的污染和毒害。特别是有些污染物，不能被环境消化和吸纳，使人类的生存环境日趋恶化。

其次，世界人口呈高速增长趋势，每增加10亿人口的时间间隔迅速缩短。人口的增加，加上消费水平的提升，生产规模与消费规模必然扩大，生产与消费中排放的废弃物也在不断增多，环境污染加剧。

科学技术的进步在为人类文明发展做出巨大贡献的同时，也可能增加环境污染。核能的开发，带来了清洁能源，但核电站一旦发生事故，其造成的危害和损失也是巨大的。计算机、电视机、手机等电子产品在给现代人带来诸多便利的同时，对环境造成的危害也越来越突出；电子产品的使用寿命通常较短，更新换代也比较快，这些产品一旦被淘汰，它们所含有的有毒有害物质，如镉、汞和铅等重金属，将成为严重的生态隐患；而当它们与其他垃圾一起被焚烧时，会产生大量二噁英，不仅污染大气、土壤和水体，还威胁着人类的健康。

影响环境污染的因素除了污染源外，还与环境的自我净化能力有关，而环境的自我净化能力又与大气、水体的运动与更新速度有关。例如，空气质量的高低除了与大气污染物排放量密切相关外，还与空气的垂直对流状况、风速、湿度、地形、植被等自然因素有关。

5.6 危害 Hazard

环境污染给人类带来的危害主要表现在：

第一，破坏生态环境，导致资源短缺。环境污染会影响动植物的生长发育，使生态系统的结构和功能失调，致使环境质量下降，甚至造成资源短缺和生态危机，威胁人类的生存与发展。例如，水污染将会导致水环境质量下降，水中生物大量死亡，水资源短缺。

第二，危害人类健康。环境污染日益严重，致使人们呼吸被污染的空气，饮用被污染的水，吃被污染的鱼、肉、果、蔬，遭受噪声的折磨、强光的照射和有害辐射的威胁，这些都严重危害到人类的健康。环境污染不仅能引起急性中毒和慢性危害，而且会对人体的免疫功能产生影响，引起人体遗传基因的变化。长期接触环境中的致癌物，还易患恶性肿瘤等疾病。

第三，制约经济和社会的可持续发展。环境污染在短期也许能降低发展的成本，获取经济利益，但由于其对环境的破坏、对社会的负面影响是多方面的，不仅治理污染需要大量经济投入，而且对投资环境的危害也很大，对农业、房地产、旅游等产业产生负面影响。

环境污染对人体的危害，有些是直接的，有些是间接的。例如，有些污染物通过人体呼吸道、消化道及皮肤直接进入人体，有些污染物则是通过动植物间接进入人体。在自然环境中，大多数污染物的浓度微小。然而，有些污染物可通过食物链成千倍、成万倍地在生物体中富集；另一些污染物则通过不断积累来危害环境，短时间内往往不一定能看出影响，但长期积累后，对人类的危害便表现出来。

5.7 防治

Prevention and cure

环境污染防治的关键是切断污染源，不让污染物暴露在环境中。此外，采取一定措施，如植树造林、修建通风廊道等，增强空气、水体的自净能力，可以降低污染物的浓度。人们加强自身的防范意识和采取防范措施，也可以减少环境污染的危害。

（1）农业污染防治

农业污染主要指过度施用化肥、农药等农用化学品造成的农作物及土壤污染，人畜粪便等有机肥料对水体的污染，温室农业中废旧塑料造成的“白色污染”，以及农业机械作业产生的粉尘、焚烧农作物秸秆产生的烟尘造成的大气污染等。农业污染具有发生时间长、影响范围广、危害程度深等特点，如果不及时治理，必然危及人们的身体健康和农业生产的可持续发展。

第一，合理施用化肥、农药。给农作物施用化肥，要把握施用时间，控制施用量，严格执行施用规程，力求做到科学合理。要减少农药特别是高残留农药的使用，采取生物、化学、物理等多种措施，综合防治病虫害。

第二，发展有机农业。有机农业指不施用化肥农药，而是利用“自然的技术”培育“更健康”的土壤，以生长出“更洁净食品”的农业。在有机农业生产过程中，使用作物秸秆、绿肥、畜禽粪便等有机肥料，并且主要依靠自然生态系统中的生物来控制病虫害发生。

第三，加强土壤污染防治。土壤一旦污染，对农作物的质量危害极大，严重威胁到食品安全。首先要控制和消除各种土壤污染源，例如，不过量施用化肥、农药，不用污染水灌溉农田，不用或少用不易降解的农用地膜，不随意丢弃废旧电池等。其次是采取措施增加土壤容量，提高土壤净化能力。对于受重金属等污染的土壤，防治的根本方法是客土置换，即挖去受污染的土层，换上新土，以根除污染物。

（2）工业污染防治

农业污染是面状污染，而工业污染是点状污染，具有相对集中分布的特点。工业污染主要是“三废”的排放。因此，减少“三废”排放量和对废弃物实行资源化、无害化处理，是防治工业污染的关键。

第一，实施清洁生产。清洁生产是指在工业污染前采取防治对策，将污染物消除在生产过程中，并对生产实行全过程控制，实现清洁的能源、清洁的生产过程、清洁的产品。

第二，发展循环经济。循环经济是将清洁生产与废弃物综合利用融为一体的经济，是一种建立在物质循环利用基础上的经济发展模式，即在保持扩大生产和经济增长的同时，实现“资源→生产→流通→消费→废弃物再资源化”的封闭式循环流动。循环经济以“减量化、再利用、资源化”为基本原则。

第三，建设生态工业园。生态工业园区，是依据循环经济和生态学原理设计、建立的一种新型工业组织形态。在生态工业园内，通过废弃物交换、循环利用、清洁生产等手段，将一个企业产出的副产品或废弃物，作为另一个企业的原材料，最终实现园区内污染“零排放”，以及物质闭路循环和能量多级利用。这种类似于自然生态系统中食物链的“工业生态系统”，有助于达到物质与能量利用最大化，以及废弃物排放最小化的目的。

（3）城市垃圾污染防治

城市垃圾，主要是指城市居民在日常生活中抛弃的各种废弃物。城市垃圾如果不处理，会占用土地、污染土壤、淤塞河湖水道、污染水体、污染大气、传播疾病、损害健康等。城市垃圾的处理多采用回收、分拣、处理加工、焚烧和综合利用等方法，实现垃圾的减量化、无害化和资源化，使垃圾尽可能被再生利用，创造财富。

第一，实现垃圾分类投放和收集。城市垃圾种类多，有厨余垃圾、普通垃圾、建筑垃圾、清扫垃圾、危险垃圾等，而且数量巨大。为了便于管理和回收利用，要对垃圾进行分类集中回收。每个垃圾收集点都要设置分门别类的垃圾箱。

第二，对垃圾进行及时处理和利用。一般分为两个过程：一是通过破碎、分选等方式，直接利用和回收资源；二是通过化学的、生物的方法回收、处理垃圾，包括垃圾填埋、垃圾焚烧、垃圾堆肥等多种方式。用垃圾发电、生产沼气、生产有机复合肥料、新型建筑材料等都是垃圾综合利用的方式。

第6章 大气污染

6.1 概述

Overview

• 6.1.1 大气污染

大气污染是指大气当中的污染物浓度达到有害程度时，危害人体或者动物健康、导致生态系统破坏和人类生存环境受到威胁的一种环境污染。大气污染物（图 6-1）是指由于人类活动或者自然过程排入大气并对环境或者人产生有害影响的物质。

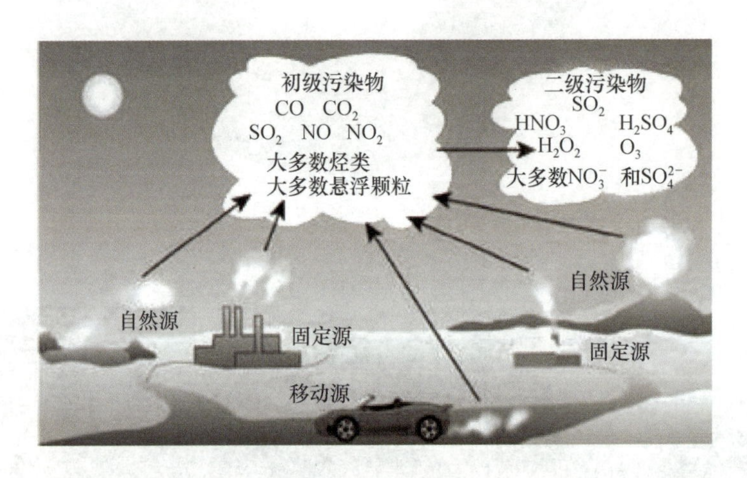

图 6-1 大气污染物的主要类型和来源

• 6.1.2 大气污染来源

大气污染的来源可以分为自然污染源和人为污染源。

自然污染源是指自然界中某些向环境排放有害物质或造成有害影响的自然现象，包括火山喷发、森林火灾、暴风扬沙、森林植物释放以及海浪飞沫颗粒物等。大量污染物质进入大气，在参与大气循环以及光化学反应之后形成一次或二次污染。例如：火山喷发产生的硫化氢、二氧化碳、一氧化碳、二氧化硫和火山灰颗粒物都会引发大气污染；海浪飞沫颗粒传播也会产生萜烯类碳氢化合物、硫酸盐与亚硫酸盐，从而引发大气污染。

人为污染源是指人类的生产和生活活动向环境排放有害物质或造成有害影响的场所，是由人类活动向大气输送污染物的发生源。人为污染物包括碳氧化物、硫氧化物、烟尘、有机化合物以及农药悬浮颗粒等，主要来源有工业企业排放、交通运输、生活污染源和农业活动。

• 6.1.3 大气污染特点

大气污染的特点包括：污染物传递的距离长、污染源种类多、组成复杂多变；污染强度和持续时间受气象条件、地形条件、阳光照射强度等多种因素的影响。

• 6.1.4 大气污染的影响因素

大气污染物类型和浓度差异会直接影响大气污染的范围和强度，导致大气污染危害性不同。污染源性质、污染物性质、地表性质、气象条件以及治理策略也会对大气污染的强度和范围造成影响。

6.2 还原型大气污染

Reduced atmospheric pollution

还原型大气污染同时也被称为伦敦型大气污染、煤炭型大气污染。这类大气污染的主要污染物包括 SO_2、CO 和颗粒物，除此之外，一次污染物会在低空聚集生成还原型烟雾进而污染大气环境。主要污染源为煤炭，其燃烧 SO_2 排放量占化石 SO_2 排放总量的 60%～80%。在低温、高湿、静风并且伴有逆温的情况下易于在低空聚积，经雾气中金属离子化学催化氧化或者光化学氧化形成硫酸、硫酸盐等二次酸性气溶胶，最终形成酸性烟雾。

伦敦烟雾事件

1952 年 12 月 5—9 日，英国伦敦上空形成了厚达上百米的浓雾，导致 4000 多人死亡，之后又有 8000 多人相继死亡，超过 10 万人感染支气管炎和肺炎等疾病，这次事件被称为“伦敦烟雾事件”（图 6-2）。这次烟雾事件不仅威胁到了人们的身体健康，还严重影响了正常的社会经济秩序，交通运输受到影响，如航班取消；人们的室外活动基本停止；社会治安混乱，抢劫、盗窃案件增多。

这次烟雾成灾是由于大气中的二氧化硫、水滴和粉尘等的相互叠加、共同作用。粉尘主要来自煤烟中的炭粒，这些炭粒含有二氧化硫、二氧化硅、氧化铝等成分，二氧化硫在具备粉尘、水分、阳光等条件下，可被氧化成三氧化硫，与水结合成硫酸雾和硫酸气溶胶，毒性极大。大量工业和市民燃煤取暖排放的废气是造成这次事件的一个重要因素，另一个重要因素是当时伦敦的气象状况。在爆发烟雾前，伦敦一带上空被停滞的高气压所控制，近地面处于无风或微风状态，再加上夜间地面辐射强烈，散热较快，近地面气温低于高空气温，从而形成了逆温层。由于逆温层的存在，较冷重的空气在下，较暖轻的空气在上，使得上下层空气难以对流交换，大气层结较稳定，近地面的有毒气体和烟尘难以扩散，与雾滴结合形成了有毒的烟雾。

图 6-2　伦敦烟雾事件

6.3 氧化型大气污染
Oxidative air pollution

氧化型大气污染也称为汽车尾气型大气污染。其主要的大气污染物为一氧化碳，除此之外还包括来自石化工业、燃油锅炉、汽车尾气的固体和气体废弃物，即氮氧化物、碳氢化合物等。这种类型的大气污染物在直接污染大气环境的同时，基于光照和光化学反应实现二次污染。反应之后生成的强氧化性物质能对人眼黏膜造成极大危害。主要污染物及其形成过程为（图6-3）：各类碳氢化合物和氮氧化物等一次污染物在阳光的作用下产生光化学反应，生成臭氧、醛、酮、酸、过氧乙酰硝酸酯等二次污染物。此类混合物所形成的浅蓝色有刺激性的烟雾称为光化学烟雾。气象条件为太阳辐射强度大，风速低，扩散条件差。光化学烟雾的形成必须具备以下两个条件：① 紫外线的照射引起光化学反应；② 有烃类特别是烯烃的存在及有氮氧化物的参加。

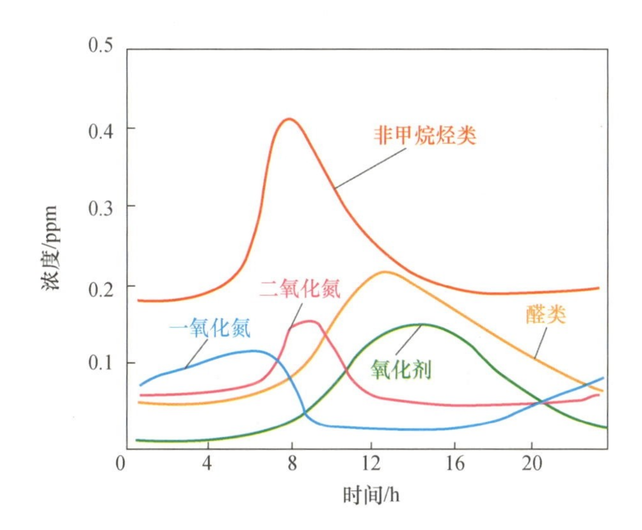

图 6-3 形成烟雾各个形态的大气浓度和时间的关系

光化学烟雾和雾霾有什么关系？

雾霾，顾名思义是雾和霾。但是雾和霾的区别很大。空气中的灰尘、硫酸、硝酸等颗粒物组成的气溶胶系统造成视觉障碍的称为霾。霾也称灰霾（烟霞）、阴霾。

雾是由大量悬浮在近地面空气中的微小水滴或冰晶组成的气溶胶系统，多出现于秋冬季节（这也是2013年1月份全国大面积雾霾天气的原因之一），是近地面层空气中水汽凝结（或凝华）的产物。雾的存在会降低空气透明度，使能见度恶化，如果目标物的水平能见度降低到1000 m以内，就将悬浮在近地面空气中的水汽凝结（或凝华）物的天气现象称为雾。

将目标物的水平能见度在1000～10 000 m的现象称为轻雾或霭。形成雾时大气湿度应该是饱和的（如有大量凝结核存在时，相对湿度不一定达到100%就可能出现饱和）。由于液态水或冰晶组成的雾散射的光与波长关系不大，因而雾看起来呈乳白色或青白色、灰色。

雾霾天气是一种大气污染状态，雾霾是对大气中各种悬浮颗粒物含量超标的笼统表述，尤其$PM_{2.5}$被认为是造成雾霾天气的“元凶”。随着空气质量的恶化，阴霾天气现象出现增多，危害加重。中国不少地区把阴霾天气现象并入雾一起作为灾害性天气预警预报，统称为“雾霾天气”。

从物质形态看，光化学烟雾主要为气态污染物，而雾霾则是大气颗粒物，两者之间没有什么关系。但是，光化学烟雾最终生成大量的臭氧，增加了大气的氧化性，这导致大气中的二氧化硫、二氧化氮等被氧化并逐渐凝结成颗粒物，从而增加了 $PM_{2.5}$ 的浓度。也就是说，光化学烟雾可能是雾霾的来源之一。

6.4 大气污染的危害

Damage caused by atmospheric pollution

大气污染的危害主要表现在对生态环境系统以及人体健康两个方面。

大气污染对生态环境系统的影响包括：

① 对臭氧层造成破坏。臭氧层的主要作用为强烈吸收阳光中的紫外线，保护地球生物免遭伤害。但是由于大气中自然或人为释放出的大量氟氯烃气体强烈破坏臭氧层，导致其遮挡短波紫外线的功能减弱，大量短波紫外线穿过大气层直接照射到地面，对人类和生物的生存环境产生危害。

② 全球气候变暖。大气中二氧化碳等温室气体能吸收来自地面的长波辐射，使近地面层空气温度增高，产生“温室效应”。温室气体的增多，使地球辐射的热量被吸收和滞留，全球气温增暖，导致灾害天气增多。大气混浊度的增加，减弱了太阳辐射，地球长波辐射受到影响，灾害性和异常性天气将更加频繁。

③ 造成酸雨。当大量排出的二氧化硫酸性气体，或汽车排放出来的氮氧化物烟气上升到空中与水蒸气相遇时，就会形成酸雨，酸雨的 pH 一般在 4

左右，严重时可低于3。酸雨使植物的枝叶枯萎，植物的生长受到影响；使江河湖水的酸度提高，鱼虾类生物因为中毒而死亡；还使得土壤酸化，土壤成分受到破坏，造成土壤贫瘠，进而使农作物减产甚至死亡，对农业渔业造成严重影响；酸雨不仅对自然环境造成了很大影响，还会腐蚀、锈损建筑物，造成很大的安全隐患和经济损失；饮用含酸化物的饮用水，还会对人体产生危害，影响人类健康。

④ 对生物多样性造成影响。大气污染对地球上的生物最直观的影响为一部分动植物失去栖息地，一些对环境要求较高的动植物由于大气污染日益严重，逐渐失去了适合生活的环境，面临灭绝的危机。另外，动物吸入有毒有害气体会造成个体的畸形病变甚至死亡，植物长期暴露在受污染的空气中也会出现停止生长甚至死亡的情况，并且大气污染造成的酸雨对动植物的生存也造成了严重的不利影响。

大气污染还会对人体健康产生影响，主要表现在不同的大气污染物对人体会产生不同程度的危害：

① 悬浮颗粒物。粒径小于5 μm的颗粒物能进入呼吸道深部，损伤肺泡，使肺部产生炎症。悬浮颗粒物还能直接接触皮肤和眼睛，阻塞皮肤的毛囊和汗腺，引起皮肤炎和眼结膜炎等。

② 氮氧化物。氮氧化物主要是对呼吸器官有刺激作用，对肺的损害比较明显，进入呼吸道深部会引起支气管哮喘。一氧化氮对中枢神经系统损害比较明显。氮氧化物在紫外线光化学作用下，产生光化学烟雾，刺激眼、呼吸道，引起呼吸困难、胸痛、肺水肿等。

③ 二氧化硫。二氧化硫易溶于水，易被上呼吸道黏液吸附引起炎症。当二氧化硫与空气中的三氧化二铁（Fe_2O_3）氧化生成硫酸雾时，它的刺激作用

比二氧化硫高出 10 倍。二氧化硫还会影响人体的新陈代谢，影响机体生长发育。

④ 一氧化碳。一氧化碳是一种无色、无味的有毒气体，可在大气中停留很短时间。一氧化碳与血红蛋白的亲和力比氧与血红蛋白的亲和力大 200～300 倍，使血液输送氧的机能大大降低。因此，当空气中的一氧化碳浓度到达一定程度时，就会引起中毒症状，甚至死亡。

6.5 大气污染的治理策略

Strategies for controlling air pollution

大气污染严重威胁生态环境健康，人们必须要高度重视大气环境保护工作。治理大气污染可以采取以下措施：

① 修订完善《中华人民共和国大气污染防治法》，明确立法目标、行为规范、法律实施程序、法律责任等，增强法律的可操作性，从法律层面加强对防治我国大气污染的重视。加强执法力度，提高违法成本，规范个人和企业对于大气污染物的排放。

② 完善大气污染控制的经济政策。充分考虑企业合理排污的经济成本，充分运用市场经济手段，使企业控制排污成为一种自觉的经济行为。

③ 完善城市群区域空气质量监测管理体系。政府加大对于大气污染颗粒物研究的投入，完善包括 PM_{10}、$PM_{2.5}$ 在内的城市群区域空气质量监测管

理体系，增加臭氧、$PM_{2.5}$、一氧化碳监测，健全颗粒物监控体系。

④ 强化燃煤控制，改造落后的锅炉设备，淘汰生产工艺落后、污染严重的工业，推广清洁能源的使用。调整产业结构，减少重化工业在产业结构中的比重，大力发展绿色高新产业。提升煤炭品质，减少二氧化硫排放，实施分区域、分行业排放控制，对电力、冶金、有色、化工和建材行业专门出台行业性污染控制政策；进一步完善和落实火电脱硫政策，加强对工业锅炉、其他工业行业以及生活面源致酸物质排放的控制。

⑤ 健全公共交通体系，提倡绿色出行，逐步淘汰高污染的车辆，减少汽车尾气的排放。发展可持续的城市交通体系，提倡非机动车出行；严格新车排放标准限值，提高车辆排放控制标准；提倡新能源车取代传统燃油车辆。

⑥ 控制扬尘和生物质燃烧，减少扬尘源的排放，实施城市绿色生态工程，建设城市森林系统，加强建筑工地管理。加强区域间协调，建立农村生物材料的回收系统，提高稻草和甘蔗等生物质的综合利用。

第7章 水污染

水污染是当前世界面临的严峻环境问题之一，影响着人类健康和经济发展。赤潮、咸潮、水华以及海洋垃圾是水污染的一些重要形式。

7.1 赤潮 Red tide

赤潮，又称为红潮，国际上常被归类为有害藻华（HABs），是在特定的环境条件下，海水中某些浮游植物、原生动物或细菌暴发性增殖或高度聚集而引起水体变色的一种有害生态现象，这些浮游生物通常会释放出毒素，对水生生物和人类健康造成威胁。

赤潮发生的原因主要包括以下几点：首先，过多的营养物质（例如氮、磷）进入水体，为浮游植物提供了大量养分，从而加速了它们的繁殖速度。其次，水温升高可以刺激浮游植物的繁殖，因此温度升高也是赤潮发生的重要因素。此外，浮游植物需要进行光合作用来进行生长，因此充足的光照也会促进它们的繁殖。以上环境因素的变化都可能导致赤潮的发生。

赤潮是一种由海洋中的有害浮游生物大量繁殖引起的现象，会给海洋生态系统和人类健康带来严重影响。预防和治理赤潮的危害需要综合施策，从环境保护、科学研究、渔业管理、农业发展和国际合作等多个方面入手。我国已经采取了一系列措施来预防和治理赤潮的危害，但仍需要不断加强和改进，以保护海洋生态系统的健康和人类的福祉。以下是一些预防和治理赤潮的方法（以我国为例）：

① 加强海洋环境保护。减少污染物的排放，保护海洋生态系统的健康。加强海洋环境监测，及时发现和控制污染源，减少赤潮发生的可能性。

② 加强科学研究和监测。建立完善的赤潮监测网络，对赤潮的发生和演变进行实时监测和预警。通过对赤潮成因、传播和影响因素的深入研究，提高对赤潮的理解和预测能力。

③ 合理管理渔业资源。加强渔业资源管理，控制过度捕捞和过度养殖，避免养殖池塘和渔网成为赤潮的滋生场所。建立健全渔业管理制度，合理规划渔业发展，推进渔业资源的可持续利用。

④ 发展生态农业和循环农业。减少农业化肥和农药的使用，推广有机农业和生态农业，减少农业面源污染对海洋环境的影响。加强农田水利建设，改善农田水质，减少养分和农药流入海洋。

⑤ 加强国际合作。赤潮是一个全球性的问题，需要加强国际合作，共同研究和应对赤潮。加强与其他国家和地区的信息交流和经验分享，共同推动赤潮治理的国际合作机制的建立和发展。

赤潮的发生过程

赤潮的发生是一个复杂的生化过程，包括以下几个主要步骤：

① 营养盐富集。赤潮藻需要大量的营养盐（如氮、磷等）来进行生长和繁殖，当海水中富含这些营养盐时，赤潮藻就会开始繁殖。

② 快速繁殖。一旦赤潮藻获得了足够的营养盐，它们就会迅速繁殖。这些藻类通常具有较短的生命周期，可以在很短的时间内迅速增加数量。

③ 水体脱氧。赤潮藻在进行光合作用时会消耗大量氧气，导致水体中的溶解氧含量下降。当溶解氧严重不足时，会导致水体发生脱氧现象。

④ 水体富营养化。赤潮藻在繁殖过程中释放大量的有机物质，这些有机物质会进一步富集海水中的营养盐。这种富营养化现象会进一步刺激赤潮藻的繁殖，形成恶性循环。

⑤ 水体变色。赤潮藻通常会产生特定的色素，如叶绿素和胡萝卜素等，这些色素会使海水变成红色、棕色或绿色等不同颜色，从而形成赤潮现象。

⑥ 毒素释放。一些赤潮藻会产生毒素，如赤潮藻毒素、硅藻毒素等。这些毒素对海洋生物和人类健康造成威胁。当赤潮藻数量过多时，毒素的释放会增加，进一步影响水体生态系统。

总结起来，赤潮发生的生化过程主要包括营养盐富集、快速繁殖、水体脱氧、水体富营养化、水体变色和毒素释放等。这些步骤相互作用，形成了赤潮现象。赤潮对海洋生态系统和人类健康带来了负面影响，因此对赤潮的监测和控制非常重要。

7.2 咸潮

Salt tide

咸潮是指海水入侵到淡水河流或湖泊中的现象，这种现象通常发生在河口附近，对沿海地区的淡水资源造成了严重的损害。它是由太阳和月球（主要是月球）对地表海水的吸引力引起的。海水有涨潮、落潮现象，我们把它称为潮汐。在涨潮时，海水会沿河道自河口向上游上溯，致使海水倒灌入河，江河水变咸，这就是咸潮。

咸潮对农业、工业和居民用水等方面都带来了严重影响。咸潮的发生受多种因素的影响，包括以下几个方面：

① 河流水位。咸潮的发生与河流水位有关。当河流水位下降到一定程度时，低于河口的海水位，海水就会倒灌入河口和河道下游，形成咸潮。

② 潮汐。潮汐是咸潮发生的另一个重要因素。当河口处的潮汐与河流水位上涨同时发生时，就会导致咸潮的发生。

③ 地形地势。地形地势对咸潮的发生也有一定影响。比如，河口的宽度、深度、河道的弯曲程度等因素会影响咸潮的形成和传播。地形地势的变化会改变河流和海水的流动路径，进而影响咸潮的发生。

④ 天气条件。天气条件也会对咸潮的发生产生影响。比如，强风、风暴等恶劣天气会增加海水的波动和涌浪，进而增加咸潮的发生频率和强度。

咸潮的形成过程

咸潮的形成涉及一系列生化过程，包括以下几个主要步骤：

① 潮汐作用。咸潮的形成主要是由于潮汐的作用。涨潮时，海水从海洋进入河口或潮间带，与淡水混合。

② 盐度变化。淡水和海水的盐度差异很大，淡水的盐度通常远低于海水。当淡水与海水混合时，会导致盐度的变化。淡水的输入会降低海水的盐度，使整个环境的盐度呈现出一种介于淡水和海水之间的状态。

③ 溶解氧变化。淡水通常含有较高的溶解氧，而海水的溶解氧含量较低。当淡水与海水混合时，会导致溶解氧的变化。淡水的输入会增加整个环境的溶解氧含量，改善水体的氧气供应。

④ 营养物质输入。淡水中含有大量营养物质，如氮、磷等。当淡水与海水混合时，会将这些营养物质输入咸潮环境中，促进生物的生长和繁殖，对咸潮环境的生态系统产生影响。

⑤ 物种适应。咸潮环境对生物来说是一个特殊的生境，物种需要适应这种环境的盐度和溶解氧等变化。一些特殊的适应机制可以帮助生物在咸潮环境中存活和繁衍。

总结起来，咸潮的形成涉及潮汐作用、盐度变化、溶解氧变化、营养物质输入和物种适应等生化过程。这些过程相互作用，形成了咸潮环境的特殊特征。咸潮环境对生物和生态系统都具有重要影响，因此对咸潮的研究和保护具有重要意义。

7.3 水华
Water bloom

水华是指水体中大量的藻类或蓝藻繁殖形成的浮游植物堆积物。水华不仅使水体变得浑浊，还会消耗水中的氧气，导致水生生物死亡。水华的形成与水体富营养化、温度和光照等环境因素密切相关。过度的农业和工业活动，以及城市化进程中的废水排放，都是水华发生的主要原因，主要有以下几个方面：

① 养分浓度。水华的发生与水体中的养分浓度密切相关。过高的氮、磷等养分浓度可以提供浮游生物生长所需的营养物质，促进其异常繁殖。养分的来源包括农业排放、城市污水、工业废水等。

② 水温和光照。水温和光照是水华发生的重要环境因素。适宜的水温和光照条件有利于浮游生物的生长和繁殖。高温和强光会加速浮游生物的生长速率，从而增加水华的发生概率。

③ 水体流动性。水体流动性对水华的发生也有一定影响。流动的水体可以有效地稀释和冲走浮生植物，减少其聚集和繁殖的机会。静止的水体则更容易形成水华。

④ pH 和溶解氧。水体的 pH 和溶解氧含量也会影响水华的发生。适宜的 pH 和充足的溶解氧有利于水体中其他生物的生长和竞争，从而减少浮游生物的生存和繁殖机会。

⑤ 其他环境因素。除了上述因素外，水华的发生还受到其他环境因素的影响，如盐度、水体的深度和透明度等。

拓展阅读

水华的发生过程

水华的发生涉及一系列生化过程，包括以下几个主要步骤：

① 营养盐富集。水华的发生通常与水体中的营养盐富集有关。营养盐包括氮、磷等，是浮游植物和细菌生长所需的关键营养物质。当水体中的营养盐浓度超过一定限度时，就会刺激浮游植物和细菌的快速繁殖。

② 快速繁殖。当浮游植物和细菌迅速繁殖时，它们通过光合作用，利用水体中的营养盐来合成有机物，并通过分裂或孢子形成的方式进行繁殖。这种快速繁殖导致了浮游植物和细菌数量的迅速增加。

③ 水体脱氧。水华发生后，大量的浮游植物和细菌会消耗水体中的溶解氧。由于水体中的溶解氧供应不足，会导致水体脱氧现象的发生，进而对水体中其他生物造成严重影响，甚至引发鱼类死亡等问题。

④ 水体富营养化。水华发生后，大量浮游植物和细菌的繁殖会导致水体中的有机物质增加，从而使水体富营养化。富营养化会导致水体中的溶解氧减少、水体浑浊度增加，同时也会改变水体的化学性质和生物多样性。

⑤ 毒素释放。一些浮游植物和细菌在水华发生过程中会释放出毒素。这些毒素对其他生物产生毒害作用，可能导致鱼类和其他水生生物

的死亡，甚至对人类健康造成威胁。一些藻类还会产生有害的气味物质，影响水体的环境质量。

总结起来，水华的发生涉及营养盐富集、快速繁殖、水体脱氧、水体富营养化和毒素释放等生化过程。这些过程相互作用，导致水体中浮游植物和细菌的异常繁殖和聚集，形成了水华现象。水华对水体生态系统和人类健康产生负面影响，因此对水华的监测和控制非常重要。

7.4 海洋垃圾

Marine litter

海洋垃圾是指海洋和海岸环境中具持久性的、人造的或经加工的固体废弃物，垃圾包括塑料、金属、玻璃等材料，对海洋生物和生态系统造成了巨大危害。海洋垃圾的来源包括船舶和渔船的废弃物、沿海城市的垃圾排放以及海洋运输中的漏油等。海洋垃圾不仅破坏了海洋生态平衡，还对人类的健康和经济活动带来了负面影响。

海洋垃圾的形成和存在受到多种因素的影响，包括以下几个方面：

① 人类活动。人类活动是海洋垃圾形成的主要原因，包括海上运输、渔业、沿海旅游、沿海居民的生活和工业活动等。人类的不当行为，如乱丢垃圾、不合理的废弃物处理等，导致大量垃圾进入海洋。

② 海洋环流和风浪。海洋环流和风浪会影响海洋垃圾的传播和积聚。海洋环流会将垃圾从一个地区带到另一个地区，形成垃圾漂流。强风和大浪会推动垃圾上岸或聚集在某一地区。

③ 河流和水域污染。河流和水域污染也是海洋垃圾形成的重要原因，河流中的垃圾会随水流进入海洋，水域的污染物也会被海水冲刷到海洋中。

④ 垃圾处理和管理不当。垃圾处理和管理不当也会导致海洋垃圾的形成，包括垃圾焚烧、填埋和不合理的废弃物处理等。这些不当处理方式会导致垃圾进入水体和海洋。

⑤ 缺乏环境意识和教育。缺乏环境意识和教育也是海洋垃圾形成的因素之一。人们对海洋环境的重要性和垃圾对海洋生态系统的影响缺乏认识，导致不重视垃圾的处理和管理。

海洋塑料，要分解有多难？

海洋塑料的分解难度取决于塑料的类型和环境条件。一般来说，塑料是由聚合物组成的，这些聚合物在自然环境中分解非常缓慢。常见的塑料类型如聚乙烯（PE）和聚丙烯（PP）等，由于其化学结构的稳定性，分解速度较慢。这些塑料在海洋中暴露的条件下，受到太阳光、海水和氧气等因素的影响，会发生光降解和氧化降解，但这个过程可能需要数十年甚至更长时间。此外，有些生物如海藻、细菌和微生物能够分解部分塑料，但这个过程同样非常缓慢，并且只能分解塑料的表面。对于大部分海洋生物来说，它们无法分解塑料，而是将其误食或附着在身上，进一步加剧了海洋塑料污染问题。

综上所述，海洋塑料的分解非常困难，需要很长时间才能发生可见的分解。海洋垃圾的分解涉及一系列的生化过程，包括以下几个主要步骤：

① 分解。海洋中的垃圾会受到海水、太阳辐射、风浪等自然因素的影响，逐渐分解成小颗粒。这些小颗粒可以被浮游生物误食，进入食物链，对海洋生态环境产生影响。

② 溶解。一些海洋垃圾，特别是塑料制品，会在海水中慢慢溶解。这些溶解的物质会被海洋生物吸收，进入食物链，对海洋生态环境和生物造成危害。

③ 毒素释放。海洋垃圾中的某些化学物质会随着时间的推移释放出来，这些毒素会对海洋生物产生毒害作用，影响生态平衡。

④ 生物附着。海洋垃圾表面会附着一些海藻、海绵、贝壳等生物。这些生物会在垃圾表面形成生物膜，加速垃圾的分解和溶解，同时也会对海洋生态环境造成影响。

⑤ 沉积。一些海洋垃圾会沉积在海底，与海底生物和沉积物发生交互作用。这些垃圾会扰乱海底生态平衡，影响海洋生态环境。

总结起来，海洋垃圾的形成、分解、溶解、毒素释放、生物附着和沉积等生化过程对海洋生态环境和生物造成了严重的污染和危害。因此，保护海洋环境、减少海洋垃圾的产生和排放是非常重要的。

第8章

土壤污染

8.1 概述

Overview

• 8.1.1 土壤污染

8.1.1.1 什么是土壤污染？

土壤污染是指污染物通过多种途径进入土壤，其数量和速度超过了土壤自净能力，导致土壤的组成、结构和功能发生变化，微生物活动受到抑制，有害物质或者分解产物在土壤中逐渐积累，通过“土壤—植物—人体”或通过“土壤—水—人体”间接被人体吸收，危害人体健康的现象。

土壤污染与大气和水体污染的关联性

大气污染物通过重力或降水、水体污染物通过灌溉或渗透都会进入土壤，土壤是地球上各种人为的和自然的污染物的“汇”；同时，土壤也是污染物通过挥发、扩散、淋溶和食物链进入地表水、地下水、空气和生物体中的“源”。

8.1.1.2 土壤污染的来源

① 污水灌溉。生活污水、工业污水灌溉植物，其中携带大量有毒物质随水灌溉进入土壤，再被植物吸收，最后进入人体，危害人的健康。

② 不合理施用化肥或农药。大量、不合理施用化肥或农药，毒害作物，污染土壤。

③ 废气排放。工业废气或汽车尾气所含的有害气体，排放到空气中，再通过重力作用或降水方式进入土壤，造成土壤质量下降。

④ 废渣。工厂或矿山的废渣、废物释放出一些重金属离子和有机化合物以及多种酸碱盐类，造成土壤污染。

⑤ 矿冶或石油开采活动。矿山开采、矿产冶炼、石油开采会给周围环境和土壤带来不同程度的影响。

8.1.1.3 土壤污染修复方法

（1）土壤污染物理修复技术

① 物理修复分离技术。根据土壤中沉积物污染、废渣物污染等的特性，对其进行相应的分类，然后通过对各种污染物的全面分析，采用相应的污染物治理技术和方案，完成对土壤污染的修复处理工作，从而达到有效提升土壤污染物分离效果的目的。

② 土壤污染蒸气浸提修复技术。该技术主要是通过有效降低土壤空隙内部蒸气压力的方式，将污染物转化为蒸气，去除土壤污染物。环保部门在开展土壤中有机物污染控制工作时，应该采取有效措施，分离土壤中的污染物，分析土壤中的污染物类型，然后合理运用污染物浸提技术控制土壤中的

油类、多环芳烃等物质，提高土壤重金属污染修复的效果。

③ 热处理修复技术。该技术在实际应用过程中，要求工作人员充分发挥热处理修复技术的优势，控制土壤中存在的污染物介质，然后借助高温方式彻底消除土壤中含有的微生物或有毒物质，减少土壤中有害污染物质的含量，最终达到净化处理土壤的目的。

（2）土壤污染化学修复技术

① 化学淋洗技术。该方法实际上就是借助水压或清洗液等清洗土壤中含有的重金属污染物。淋洗土壤修复技术作为一种增溶、乳化效果显著的土壤污染物修复治理技术，其在改变土壤中污染物化学性质方面发挥着至关重要的作用。

② 化学处理剂。化学处理剂是工作人员使用化学技术修复处理土壤污染问题最常用的原材料。使用化学法对土壤污染情况进行相应分析，确定土壤污染的程度，然后使用化学配方控制土壤污染，促进土壤污染控制效果的有效提升。随着该技术在全世界范围内土壤污染修复中的普及和应用，环保部门利用沸石处理土壤中亲和性较高的重金属离子，有效解决了土壤的板结问题，提高了土壤的透气性，通过对土壤的改良，达到了长期保护土壤的目的。

（3）土壤污染生物修复技术

① 植物修复技术。工作人员在使用植物修复技术治理土壤重金属污染问题时，主要是以超富集植物在土壤重金属污染物修复中的应用为研究方向。由于超富集植物具有化学元素吸收量高于普通植物，且不影响自身正常生命活动的特点。虽然我国相关部门已经逐步加大超富集植物研究应用的力度，但是因为受到超富集植物植株小且生长缓慢等因素的影响，该土壤污染修复技术尚无法进行大范围推广和应用。

② 微生物修复技术。所谓微生物修复实际上就是通过应用降解菌株的方式，筛选和驯化土壤中的重金属污染物。虽然研究人员经过长期研究，使得菌株的降解效率以及特异性都得到了进一步提高，但目前仍然停留在实验室和小面积示范研究阶段，尚未将其推广至应用层面，所以，有关于微生物降解土壤重金属污染物的研究仍然有待进一步加深。

③ 联合修复技术。首先是植物-微生物联合修复技术。该技术在实际应用过程中，主要是充分发挥植物与微生物两者之间存在的相互促进作用，改善和修复土壤中存在的重金属污染问题。该方法属于一种使用成本低廉且重金属污染物降解速度较高的技术。其次是植物-螯合剂联合修复技术。通过在土壤中施用螯合剂的方式，螯合土壤中的重金属离子，不仅实现了有效降低土壤溶液中重金属离子浓度的目的，促进了超富集植物的重金属离子螯合及贮存效率的有效提升，而且最大限度地降低了重金属离子的毒性，保证了土壤重金属污染修复工作的效果，为后续土壤污染综合治理工作的开展提供了强有力的技术支持。

• 8.1.2 土壤自净作用

（1）土壤自净作用定义

土壤自净作用是指土壤各组分通过吸附、分解、迁移、转化等作用过程而使土壤污染的浓度和毒性降低或消失的过程。

（2）土壤自净作用类型

① 物理净化作用：扩散、挥发、淋溶等。

② 化学净化作用：化合 / 分解、酸碱中和、氧化 / 还原、吸附 / 解吸、

离子交换、络合/沉淀等。

③ 生物净化作用：微生物和土壤动物对外界进入土壤中的各种物质进行分解转化；植物对土壤中的污染物质具有固定、吸收、形态转化、挥发等作用。

• 8.1.3 土壤环境背景值

8.1.3.1 定义

土壤环境背景值是指在不受或很少受人类活动影响的情况下，土壤的化学组成或元素含量水平。

8.1.3.2 土壤环境背景值特点

（1）区域性

土壤环境背景值受自然条件，尤其是成土母质和成土作用等的影响较大，具有显著的区域性特点。

（2）相对性

人类活动与现代工业发展的影响已遍布全球，真正的土壤环境背景值已很难确定；土壤环境背景值，不仅含有自然背景部分，还可能含有一些面源污染物（如大气污染物漂移沉降等）。

8.1.3.3 土壤环境背景值的应用

土壤环境背景值可用来进行环境质量评价，也可应用于农业生产，土壤化学元素的自然丰度是明确施肥水平的重要依据。此外，土壤环境背景值异常在找矿上具有指示作用，土壤元素背景值是母岩化学特征的反映，某些元素背景值异常可能是煤炭、油气和金属矿床的指示标志。

土壤元素背景含量异常易引起地方病，因土壤元素背景含量过高或过低而造成对受体的危害称为土壤原生危害，而不称为土壤污染危害。

低碘（内陆高原山区）或高碘地区易产生地方性甲状腺肿疾病。碘是合成甲状腺激素（促进新陈代谢和生长发育，提高神经系统的兴奋性等）必需的微量元素，当机体摄入碘不足，脑垂体会通过分泌促甲状腺激素，命令甲状腺加快合成甲状腺素，在持续的刺激下，甲状腺腺体补偿性地增生，以增加甲状腺素的合成量，于是甲状腺出现补偿性肥大（图 8-1）。

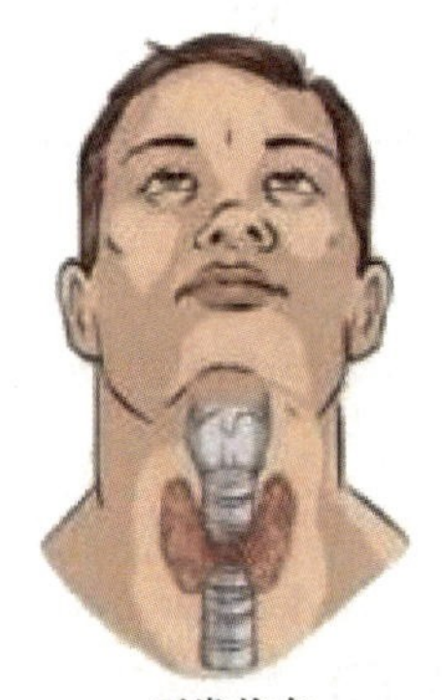

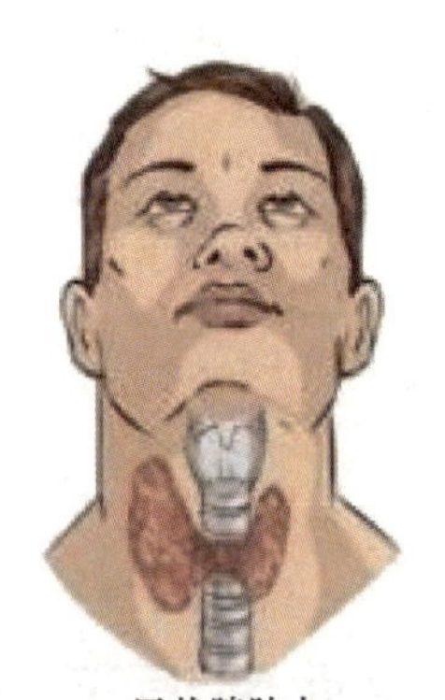

图 8-1 缺碘引起的甲状腺肿大

8.2 农业面源污染

Agricultural non-point source pollution

• 8.2.1 农业面源污染及其危害

农业面源污染是指人们在农业生产和生活过程中产生的、未经合理处置的污染物，对水体、土壤和空气及农产品造成的污染。其主要污染物有 COD、DDT、六六六、有机磷、重金属、硝酸盐、病原微生物、寄生虫、塑料增塑剂等，通常被归为三大来源，即种植业源、畜牧养殖业源和农村生活源。

农业面源污染的危害主要体现在：一是污染水环境，造成水体氮、磷富营养化；二是造成土壤理化性质改变，导致土壤退化、破坏大气臭氧层、破坏生态平衡与威胁生物多样性、影响农产品质量、危害人身健康安全等。

• 8.2.2 农业面源污染的成因

（1）秸秆利用推进难

受土地分散、山坡地多、农业生产规模化程度低等不利因素影响，农作物秸秆收集、还田、离田等环节无法实现大规模机械化，给收储运带来较大困难，阻碍了秸秆综合利用（图 8-2），增加了秸秆禁烧监管难度。而大量秸秆焚烧产生的浓烟既影响交通，又污染空气。

图 8-2 农作物秸秆等农业废弃物侵占农田

（2）化肥农药控制难

我国人均耕地面积仅占世界人均耕地面积的 1/3，有限的农村土地资源致使农民对土地利用存在短期行为。为了向土地索取更高效益，不合理地加大农药和化肥施用量（图 8-3），特别是过量使用除草剂等化学制剂，会使农作物化肥、农药残留加重、土壤酸化，土壤中的营养物质溶解并在水流的作用下逐渐流失，进而导致土壤板结、肥力减弱、团粒结构破坏。土壤中过量的氮、有机氯、有机磷一旦超过自然降解能力，就会以地下渗透、农田排水、地表径流等方式造成面源污染。

图 8-3　大量施肥污染农田

（3）养殖废弃物处置难

随着畜牧养殖业的发展，各地涌现出许多畜禽养殖场，日产粪便较多，处理难度极大，加之规模以下养殖场特别是散养户分散养殖基数大，且缺少治污设施，导致大量粪便直接排放或露天堆放（图 8-4）。降雨时，粪便随雨水径流进入地下或河流，对水体环境造成极大威胁。此外，水产养殖对水体的污染也不容忽视，河流、沿海滩涂、水库等高密度水产养殖区产生的大量未经充分利用的养殖废弃物（饲料、药物、排泄物等）会直接排入水体，这些富营养化的水体和大量残留药物会造成水环境污染，易导致病害发生和流行。

图 8-4 畜禽粪便污染农田

（4）农用薄膜回收难

为了保熵、抗旱、防草，农用地膜被广泛应用到农业生产中。但农用地膜薄型化、强度低、易破碎，给回收带来困难。这些不易腐烂的农用地膜残留在土壤中，会严重影响农作物根系生长和微生物生存，造成作物根系不能深扎，阻碍根系对土壤养分和水分的吸收，导致作物产量下降。同时，土壤中的残膜（图 8-5）影响农田土壤水分渗透，破坏土壤结构，降低土壤肥力，造成环境污染。

图 8-5　土壤残膜污染农田

• 8.2.3　农业面源污染治理难的原因

（1）地域差异与防治技术滞后

农业面源污染防治中明显存在技术研发滞后的现象。不同地区的自然条件和气候状况各不相同，西部干旱，东部多雨，北部寒冷，南部炎热，针对不同地区的农业面源污染，尚没有行之有效的适于特定地区的技术作为支撑。即使有一些成熟的技术，但推广力度不够，也得不到有效的推广使用，造成技术闲置而不能发挥相应的作用。

（2）防治主体的多元性与生产主体的追求目标存在明显差异

农业面源污染防治的主体包括政府及其管理部门、农业生产资料生产企业、农业生产主体（农业生产企业和农民）。这些主体由于各自的目标定位不同，其对农业面源污染的态度差异也较明显。政府及其管理部门将生态环境和农产品质量作为主要追求目标，把农业对地方经济的贡献度作为首要经济目标。农业资料生产企业追求的是通过增加生产资料销售量来实现利润最大化。农业生产主体追求的是通过增加农业生产资料投入来提高农业产品产出量，进而实现增收。主体多元化及目标取向的差异，加大了农业面源污染的防治难度。

（3）防治政策与生产主体利益的矛盾

农业面源污染防治政策措施与农业生产主体利益产生严重的矛盾冲突。所有的农业面源污染防治政策和措施，都是围绕如何减少农业生产资料（农药、化肥、饲料等）的投入量，从而降低农业面源污染来展开。而在现有农业生产技术和生产条件下，减少农业生产资料（农药、化肥、饲料等）的投入量即意味着农业产出量下降，这直接影响农业生产主体的生产积极性。目前，农业面源污染管理政出多门、职能交叉、任务重叠，缺乏农业生产资料及包装物生产、使用、回收资源化利用的全套运转机制，难以形成不同利益主体共同参与治理的局面。

• 8.2.4 农业面源污染防治措施建议

（1）健全工作机制，统筹推进落实

加强与相关部门的沟通配合，分工协作，部门联动，加大违法行为联合查处力度。认真落实“源头减量、过程控制、末端利用”的综合措施，持续加大农业面源污染防治工作力度。加强检查指导，逐级建立定期调度和包保责任制。

（2）制定扶持政策，加大资金投入

持续加大各级财政资金投入力度，引领和撬动更多的社会资本参与农业面源污染防治。围绕农业面源污染重点任务和突出问题，研究制定可操作的扶持政策，调动农业生产经营主体和社会化服务组织参与农业面源污染防治的积极性。

（3）加强多方合作，研究推广防控新技术

充分发挥高校院所研发优势，提升农业面源污染防治技术支撑服务能力。围绕降低农业面源污染工作目标，在化肥农药减量、畜禽粪污低成本治理、秸秆高效利用、农用地膜回收、绿色防控等方面开展技术研发。同时，建立完善的技术推广服务体系，为农业面源污染防治技术的推广应用提供组织保障。

（4）强化宣传培训，发挥典型引领作用

加大农业环保政策宣贯力度，利用各类媒体开展法律、业务、技术宣传，提高农民和各类生产经营主体参与农业环保工作的自觉性、主动性。加强业务培训和指导，通过专家授课、技术培训、现场观摩等形式推动各项任务的落实。及时总结、推广成功案例和典型模式，推动农业面源污染防治工作取得新进展、新成效。

8.3 工矿重金属

Industrial and mining heavy metals

• 8.3.1 重金属的主要来源

重金属一般指密度大于 4.5 g/cm^3 的金属，一般所指的重金属污染物主要是汞、镉、铅、铬、锌、铜、钴、镍等八种重金属。调查数据显示，我国受重金属污染的耕地约占总耕地面积的 16.67%。土壤中重金属含量升高分为内因和外因：内因指重金属本身即为地壳的元素组成，在成土过程中会带入土壤中；外因即人类的活动因素，主要包括重金属废气降解、废水灌溉、废渣扩散、肥料和污泥施肥等。调查结果显示，外因是造成土壤重金属污染的主要因素。

（1）重金属废气沉降

煤和石油的燃烧会使空气中含有重金属颗粒，这些颗粒通过干湿沉降进入土壤和水体中，被土壤胶体吸附，引起土壤中重金属含量升高。

（2）污水灌溉

我国作为水资源匮乏的国家，使用污水灌溉农田是节省水资源的一种重要方式。在我国北方，大部分农田均使用污水灌溉。污水灌溉的土壤中，重金属的含量明显增加。目前很多地区污水灌溉的土壤中皆出现重金属超标现象。

（3）废渣扩散

废渣中往往含有大量重金属，废渣长期停留在土壤表面，其中的重金属会扩散到土壤中，使土壤重金属含量增高。这些情况主要出现在垃圾场附近或矿渣的堆放处。

（4）肥料和污泥施肥

肥料一般为有机化合物，氮肥和钾肥中重金属含量较低。磷肥中含有一定的重金属，过量使用肥料会造成土壤中的重金属含量增加，但是肥料是作物生长过程必不可少的物质，我们可以选择适宜形态的肥料，减少对植物的伤害。污泥由于含有利于农作物生长的有机物，可以用来作为肥料使用。然而由于工业废水排入河流中，使得重金属沉积在污泥中，使污泥含有大量的重金属，当将其作为肥料施加在农田中，重金属会发生迁移，最后导致土壤重金属污染。

• 8.3.2 土壤重金属造成的影响

（1）对国民健康造成威胁

土壤中的重金属可通过呼吸、皮肤接触等途径迁移至人体内，引起重金属在人体内的富集，进而引起人体的肾脏等器官功能的衰竭，破坏神经及免疫系统（图 8-6）。必须对土壤中的重金属进行修复，减少其含量。

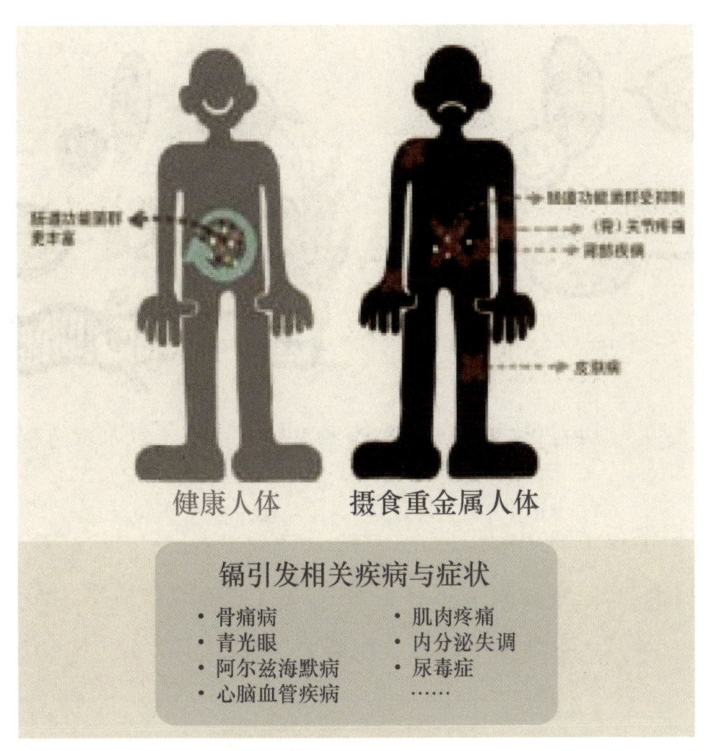

图 8-6 重金属摄入的潜在危害（以镉为例）

（2）粮食大幅度减产，经济损失严重

土壤中重金属的浓度达到一定值时会影响多种生物酶的活性，使植物对营养元素的吸收降低，从而影响植物的生长（图 8-7）。在我国每年因重金属污染减产的粮食达 1×10^{7} t，由于减产造成的经济损失超过 200 亿元。

图 8-7　农田土壤重金属污染影响农作物生产（以水稻为例）

（3）影响生态平衡

当土壤中的重金属达到一定含量时会影响生物的存活率，影响城市绿化建设、粮食生产，甚至破坏生物链，影响整个生态的平衡（图 8-8）。

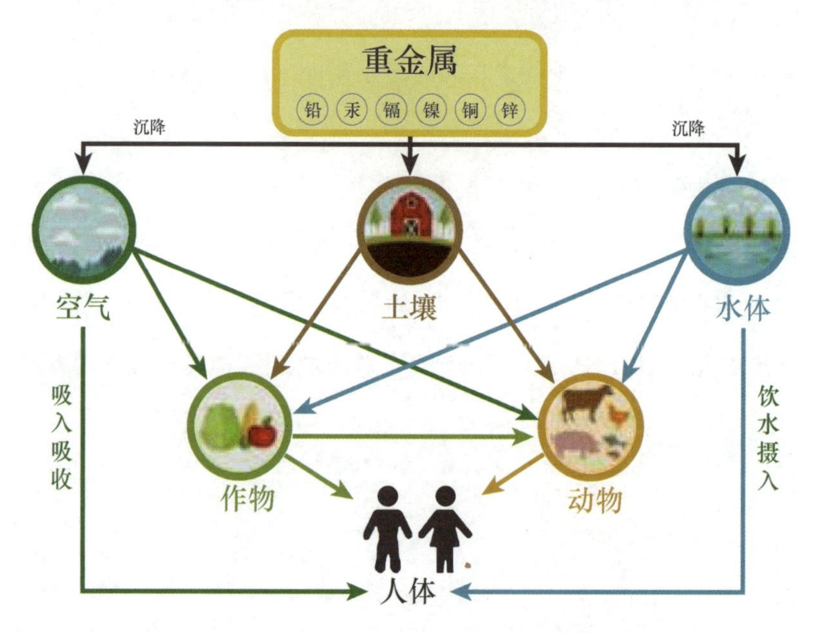

图 8-8　重金属污染的生态循环

• 8.3.3 矿区重金属污染修复方法

8.3.3.1 物理修复

（1）热处理

热处理是通过加热的方式，使土壤中的挥发性重金属如汞等挥发并收集起来进行回收或处理。该法工艺简单，但能耗大、操作费用高，且只适用于易挥发的重金属。

（2）客土和翻土

客土和翻土就是在污染土壤中加入大量的干净土壤，或在污染土壤上覆盖新土，或将污染土壤挖走换上未被污染的土壤，或将污染土壤通过深翻到土壤底层的方法，达到稀释的目的，有效减少污染土壤对环境的影响。但是该方法工程量大、费用高，只适宜用于小面积的、土壤污染严重的状况。

（3）固化和填埋封装

固化是指利用水泥一类的物质与土壤混合将污染物包被起来，使之呈颗粒状或大块状存在。玻璃化是固化的一种形式，在污染土壤插入电极，施加1600～2000℃的高温，使有机污染物和部分无机污染物等挥发或热解而去除，无机污染物被包覆，冷却后形成化学性质稳定的、不渗水的坚硬玻璃体（类似黑曜岩或玄武岩）。填埋是对固化后的污染土壤挖掘出来填埋到填埋场，或进行压缩后由容器封装，从而减少或阻止土壤污染的扩散。但该技术只是暂时降低了土壤的毒性，并没有从根本上去除污染物，当外界条件改变时，这些污染物还有可能释放出来。

8.3.3.2 化学修复

（1）化学改良剂改良

化学改良剂改良是利用重金属与改良剂之间的化学反应，从而对土壤中的重金属进行固定、分离提取等。该技术关键在于选择经济有效的改良剂，常用的改良剂有石灰、沸石、碳酸钙、磷酸盐、硫化物和促进还原作用的有机物质等，将有害化学物质转化成毒性较低或迁移性较低的物质。该技术不一定改变污染物及其污染土壤的物理化学性质。

（2）化学淋洗

化学淋洗是指将污染土壤挖掘出来，用水或淋洗剂溶液清洗土壤、去除污染物，再对含有污染物的清洗废水或废液进行处理，洁净土可以回填或运到其他地点回用（图 8-9）。该技术对于大粒径级别污染土壤的修复更为有效，砂砾、沙、细沙以及类似土壤中的污染物更容易被清洗出来，而黏土中的污染物则较难清洗。一般来讲，当土壤中黏土含量为 25%～30% 时，将不考虑采用该技术；另外，冲洗废液控制不当可能会溢出控制区而产生二次污染问题。

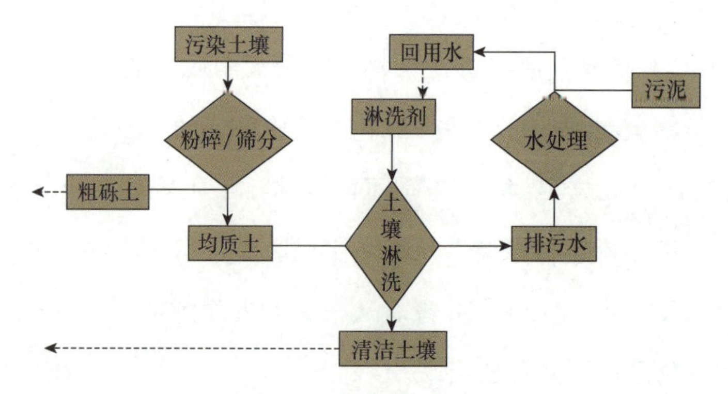

图 8-9　化学淋洗流程

8.3.3.3 生物修复

（1）植物修复

植物修复（图8-10，图8-11）是一种经济、有效且非破坏性的修复技术，主要是利用自然生长或遗传培育植物对土壤中的污染物进行固定和吸收。通常包括：植物萃取，即植物对重金属的吸收；植物挥发，即通过植物使土壤中的某些重金属（如 Hg^{2+}）转化成气态（HgO）而挥发出来；根际过滤，即利用植物根系过滤积淀水体中的重金属；植物稳定，即利用植物根际的一些特殊物质使土壤中的污染物转化为相对无害的物质。一般意义上的植物修复主要是指植物萃取，比较适合于那些重金属浓度刚刚高于环境标准或极限浓度的土壤。植物修复正处于起步试验阶段，具有潜在的应用前景。

图8-10 柳树根部功能强大，具有植物修复的功能，能处理镉、镍和硒

图 8-11　向日葵具有减少土壤中多环芳烃的能力

（2）微生物修复

微生物对被重金属污染的土壤具有独特的修复作用，虽然它不能降解和破坏重金属，但可以降低土壤中重金属的毒性、吸附积累重金属，或者改变根际微环境，从而提高植物对重金属的吸收、挥发或固定效率。但由于微生物个体很小，积累金属量较少，而且难以后续处理，限制了其在大面积修复中的应用。

（3）植物-微生物协同修复

植物-微生物修复指的是将微生物与植物结合起来形成共生体系，如菌根、真菌与树根形成共生体。菌根真菌能够分泌多糖、蛋白和有机酸等物质，与重金属离子结合形成沉淀或络合物，或通过提高 pH 促进重金属离子沉淀，使其难以被树根吸收；还可以通过其细胞壁上的金属结合位点竞争性吸附重金属离子，减少重金属向植物内部的转移。同时，菌根真菌可能促进某些营养元素（如磷、钙、镁）的吸收，这些元素可能对重金属产生拮抗作用，降低其毒性和吸收量。但接种菌根来修复重金属污染土壤的应用还刚刚处于起步阶段，微生物的种类和活性直接影响修复的效果。

第9章

固体废弃物污染

9.1 固体废弃物污染概述

Overview of Solid Waste Pollution

• 9.1.1 概念

固体废弃物（简称固体废物）是指在生产、生活和其他活动过程中产生的丧失原有的利用价值或者虽未丧失利用价值但被抛弃或放弃的固体、半固体和置于容器中的气态物品、物质以及法律、行政法规规定纳入废物管理的物品、物质。不能排入水体的液态废物和不能排入大气的置于容器中的气态物质，由于多具有较大的危害性，一般归入固体废物管理体系。

• 9.1.2 分类

固体废物的分类方法有多种，按其组成可分为有机废物和无机废物；按其形态可分为固态废物、半固态废物和液态（气态）废物；按其污染特性可分为危险废物和一般废物等；按其来源可分为矿业废物、工业废物、城市生活废物、农业废物和放射性废物。

洋垃圾

“洋垃圾”是由国外输送来的垃圾的俗称。它的来源主要包括城市废弃物、农业食品残渣、工业废物以及个人消费品中不能被回收或利用的废物等。一般来说，洋垃圾来自发达国家，被输往发展中国家。一些发达国家宁愿把多余的不可回收物资送往他国，也不愿意在本国进行环保处理。其目的大多是降低成本和换取利润。

曾有报道说，2002年前，中国从日本输入的废物中，多是电子电器产品，例如，旧电视机、洗衣机以及摄像头等。而更令人震惊的是，电子废弃物中还包括各种危害健康的有害物质，如重金属、有机污染物、卤素化合物、酸和碱等。

洋垃圾可以回收利用，但存在各种问题，如行业技术要求高、存在一定安全隐患、会引发严重的污染等。因此，针对这种状况，两国之间的政府应实施双边协定，共同防治洋垃圾问题，积极推行全球性解决方案。

9.2 生活废物污染

Domestic waste pollution

随着我国国民经济高速发展、人民生活水平提高，垃圾产生量不断增加，生活垃圾的危害日趋严重。生活垃圾的不恰当处置不但占用大量土地，而且还污染水体、大气、土壤，危害农业生态，影响环境卫生，传播疾病，对生态系统和人们的健康造成危害。

生活垃圾分类

生活垃圾一般可分为四大类：可回收垃圾、厨余垃圾、有害垃圾和其他垃圾。

① 可回收垃圾，包括纸类、金属、塑料、玻璃等，通过综合处理回收利用，可以减少污染，节省资源；

② 厨余垃圾，包括剩菜剩饭、菜根菜叶等食品类废物，经生物技术处理堆肥，每吨可生产 0.3 吨有机肥料；

③ 有害垃圾，包括废电池、废日光灯管、废水银温度计等，这些垃圾需要特殊安全处理；

④ 其他垃圾，包括除上述几类垃圾之外的垃圾。

• 9.2.1 生活废物污染的危害

9.2.1.1 直接危害

垃圾随意弃置，会严重破坏城市景观，给人们心理上带来不快。垃圾中的蛋白质、脂类和糖类化合物，在微生物分解有机物过程中产生 NH_3、H_2S 及有害的碳氢化合物气体，直接危害人们健康。

9.2.1.2 间接危害

垃圾堆是蚊、蝇、鼠、虫滋生的场所。垃圾渗滤液与潮湿地是成蚊产卵、幼虫滋生的场所，也是成蚊的栖息地。而这些害虫及昆虫成为多种传染病的媒介，时刻威胁着人们的健康。

9.2.1.3 附着危害

垃圾中的危害物污染空气、土壤与水体，又以空气、土壤、水体、食物为媒体或载体，使附着的有害物质侵入人体，使人受害。

（1）对地表水的影响

生活垃圾中含有一定量的病原微生物，在堆放腐败过程中也会产生高浓度的弱酸性渗滤液，从而会溶出垃圾中含有的重金属，包括汞、铅、镉等，形成有机物、重金属和病原微生物三位一体的污染源。随意堆放的垃圾或简易填埋的垃圾，其所含水分和淋入垃圾中的雨水产生的渗滤液会流入周围地表水体，造成水体黑臭等污染。

（2）对大气的影响

生活垃圾的堆放或简易填埋，使得垃圾中的粉尘和细小颗粒物会随风飞扬，而垃圾中的有机物会由于微生物作用产生腐烂降解，释放出大量有害气体，控制不好会危害周围大气环境。另外，生活垃圾随意焚烧，会造成大量有害成分挥发以及二噁英等物质的释放，未燃尽的细小颗粒也有可能进入大气而造成污染。生活垃圾的卫生填埋也会产生大量的填埋气，填埋气的主要成分为甲烷和二氧化碳，具有很强的温室效应，其中还含有微量的硫化氢、氨气、硫醇和某些微量有机物等，填埋气若得不到有效收集和处理，还有可能引起火灾、发生爆炸事故等。

（3）对土壤的影响

堆放的生活垃圾，不仅侵占大量土地，而且垃圾中含有的塑料袋、废金属、废玻璃等物质会遗留土壤中，难以降解，严重腐蚀土地，造成土壤污染并有可能危害农业生态。

（4）对自然景观的影响

生活垃圾的露天堆放和简易填埋，不仅会占用大量的土地资源，而且在城郊的生活垃圾堆一般具有不良外观，容易滋生蚊蝇、蛆虫和老鼠，散发恶臭，危害人体健康并且影响市容，有碍景观。另外，由于垃圾乱丢乱弃，水面上漂着的塑料瓶和饭盒，树上挂着的塑料袋、卫生纸等更是严重影响了自然景观的观赏。

• 9.2.2　生活废物污染的处理方式

据国际公认的垃圾“减量化、无害化、资源化”的综合治理原则，目前世界上常用的垃圾治理方法有三种：卫生填埋、生物堆肥和焚烧。

卫生填埋法是指采用底层防渗，垃圾分层填埋，压实后顶层覆盖土层，使垃圾在厌氧条件下发酵，以达到无害化的垃圾处理方法。因其方法简单、省投资，可以处理所有种类的垃圾，所以世界各国广泛沿用这一方法。从无控制的填埋，发展到卫生填埋，包括滤沥循环填埋、压缩垃圾填埋、破碎垃圾填埋等。

生物堆肥是使垃圾、粪便中的有机物，在微生物作用下，进行生物化学反应，最后形成一种类似腐殖质土壤的物质，可用作肥料或改良土壤。

焚烧法是将垃圾在高温下焚烧和熔融，得到可燃气体和余热被用来发电。由于垃圾焚烧时炉内温度高达 900～1100℃，垃圾中的病原菌被彻底杀灭，从而达到无害化的目的。垃圾焚烧后，灰渣只占原体积的 5%～10%，很好地做到了减量化。同时能回收热能用于生活取暖和发电，真正意义上做到变废为宝。目前，世界上一些经济发达国家广泛采用垃圾焚烧作为城市生活垃圾处理的主要方式。

9.3 生产废物污染

Production waste pollution

生产废物污染，是指企业在生产过程中，排放的废渣、废气、废水等对环境所造成的污染。

• 9.3.1 危害

工业废物的危害主要集中在以下三个方面：

（1）土地危害

工业废物要占地存放，其中有害废物释放的有害物质，可渗透到土壤中污染土地，占地面积越大，污染范围越宽。有害物质还能杀灭土壤中的微生物，破坏土壤生态平衡，失去腐解能力，让土地不生草木。有害物质还可随着降水等，通过径流或渗流的方式进一步扩大污染。

（2）水源危害

水源危害体现在两个方面：① 固体工业废物排放进江河湖海，会增加悬浮物，堵塞河道，产生沉积，侵蚀农田，严重的还会影响国家水利水电工程；② 有毒有害的工业废物在接触水源后，会使水质发生酸性、碱性甚至毒性的变化，危害到水源附近动物、植物和人类的生存。

（3）大气危害

大气危害体现在三个方面：① 生产过程中产生的大量粉尘，会增加空气中的颗粒物；② 堆放的工业废物中的粉尘，容易被风吹入空气中，增加空气中的粉尘量；③ 工业废物中的有害成分，会通过化学反应和挥发的方式，生成有毒有害气体，进一步加深大气污染。

除此之外，工业废物还会破坏自然资源和生态平衡，直接或间接地危害人们健康，严重阻碍社会经济的发展。

• 9.3.2 防治措施

① 工业布局合理。工厂不宜过度集中，以减少一个地区内污染物的排放总量。

② 区域采暖和集中供热。用设立在郊外的几个大的、具有高效率除尘设备的热电厂代替千家万户的炉灶，以消除煤烟。

③ 减少交通废气的污染。改进发动机的燃烧设计和提高汽油的燃烧质量，使柴油、汽油得到充分燃烧。

④ 改变燃料构成。实行燃煤向燃气的转化，同时加紧研究和开辟其他新能源，如太阳能、氢燃料、地热资源等。

⑤ 绿化造林。茂密的丛林能降低风速，使空气中携带的大粒灰尘下降，树叶表面粗糙不平，能吸附大量飘尘。

9.4 危险废物污染

Hazardous waste pollution

随着工业化和城市化的发展，危险废物已经成为一个严重的环境问题。危险废物的产生和处理不当，会对环境和人类健康造成严重的影响。

• 9.4.1 危险废物的定义和分类

危险废物是指因其化学、物理、生物等特性，在生产、使用、存储、运输或处理过程中，对人体健康和环境造成潜在危害的废弃物。根据《国家危险废物名录》的规定，危险废物主要包括有毒有害废物、医疗废物、放射性废物、爆炸性废物、易燃废物、腐蚀性废物和其他危险废物等七类。

表 9-1 七类危险废物

分类	具体来源
有毒有害废物	如废弃农药、废旧电池、废油漆、废药品等
医疗废物	是指医疗机构产生的废物，如废弃药品、废弃注射器、废弃医用纱布等
放射性废物	是指含有放射性物质的废物，如放射性医疗废物、放射性工业废物等
爆炸性废物	是指易于燃烧并能产生爆炸的废弃物，如废弃炸药、废弃火药等
易燃废物	是指易燃易爆的废物，如废弃油漆、废弃溶剂等
腐蚀性废物	是指具有腐蚀性质的废物，如废弃酸液、废弃碱液等
其他危险废物	是指除以上六类外的其他危险废物，如废弃电子产品、废弃化工原料等

• 9.4.2 危险废物的产生和处理

危险废物的产生主要来自工业、医疗、农业、家庭等领域。其中，工业废物是危险废物的主要来源，其产生量和种类都比较多。工业废物中包括有毒有害废物、放射性废物、爆炸性废物、易燃废物、腐蚀性废物等多种类型。医疗废物主要来自医疗机构，包括废弃药品、废弃注射器、废弃医用纱布等。农业废物主要来自农业生产，包括废弃农药、废弃化肥等。家庭废物主要来自日常生活，包括废弃电器电子产品、废弃塑料袋等。

危险废物的处理主要有填埋、焚烧、化学处理、物理处理、生物处理等多种方式。其中，填埋是最常用的处理方式之一，但是填埋会对土壤和地下水造成污染。焚烧是另一种常用的处理方式，但是焚烧会产生大量的二氧化碳和其他有害气体，易对大气环境造成污染。化学处理是将危险废物中的有害物质通过化学反应转化为无害物质的处理方式，但是化学处理需要使用大量的化学药品，会对环境造成二次污染。物理处理是通过过滤、沉淀、离心等方式将危险废物中的有害物质分离出来，但是物理处理的效率较低，处理量也较小。生物处理是利用微生物对危险废物进行降解和转化，将有害物质转化为无害物质的处理方式，但是生物处理需要较长的处理时间，处理效率不高。

• 9.4.3 危险废物的危害

① 破坏生态环境。随意排放、储存的危险废物在雨水、地下水的长期渗透、扩散作用下，会污染水体和土壤，降低地区的环境功能等级。

② 影响人类健康。危险废物通过摄入、吸入、皮肤吸收、眼接触而引起毒害，或引起燃烧、爆炸等危险性事件；长期危害包括重复接触导致的长期中毒、致癌、致畸、致变等。

③ 制约可持续发展。危险废物不处理或不规范处理处置所带来的大气、水源、土壤等的污染也将会成为制约经济活动的因素。

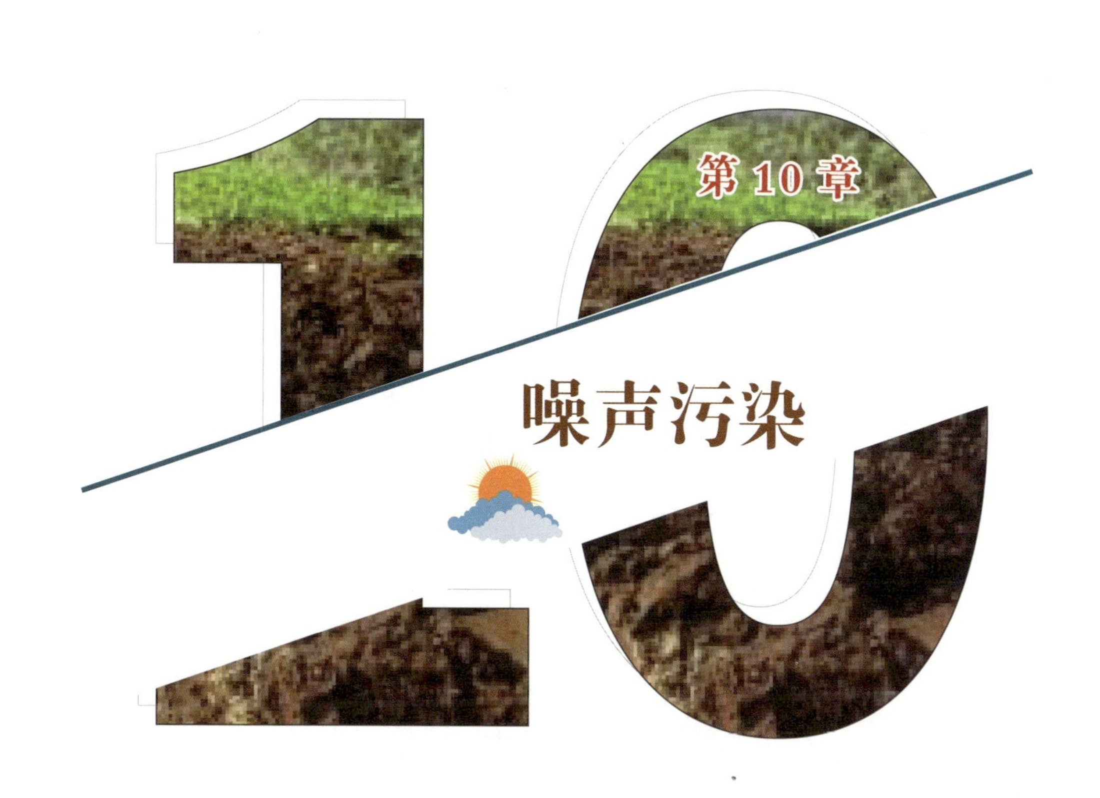

第10章

噪声污染

10.1 噪声污染概述

Overview of noise pollution

噪声污染是指由于自然过程或人为活动引起的各种不需要的声音，超出了人类所能允许和接受的程度，以致危害人畜健康的现象。人们用分贝来划分声音强弱的等级，分贝的符号是 dB。高于 80 dB 的声音对人有不同程度的危害；安静的学习环境是在 50 dB 以下；正常说话的声音为 40～50 dB；声音低于 12 dB，人听起来会感到吃力。

表 10-1 我国城市环境噪声等级标准 （单位：dB）

适用范围	昼间	夜间
特别需要安静住宅区（0 类）	50	40
居民 / 文教地区（1 类）	55	45
商业中心区（2 类）	60	50
工业中心区（3 类）	65	55
交通干线两侧（4 类）	70	55

10.2 噪声污染的来源
The source of noise

噪声污染来源于自然界和人类活动两个方面，但自然现象产生的噪声，比如风声、潮汐声、夏日蝉鸣的聒噪声，是人类无法通过管控手段消除的。从环境保护的角度看，营造一个有利于人们工作、学习和休息的良好声环境，重点是管理人为活动产生的噪声污染。

10.3 噪声污染的分类
Classification of noise

人为活动产生的噪声污染主要指工业生产、交通运输、建筑施工和社会生活产生的噪声。其中社会生活类噪声来源范围较大，因素复杂，包括社会生活噪声、交通噪声、建筑施工噪声、工业噪声等（图 10-1）。

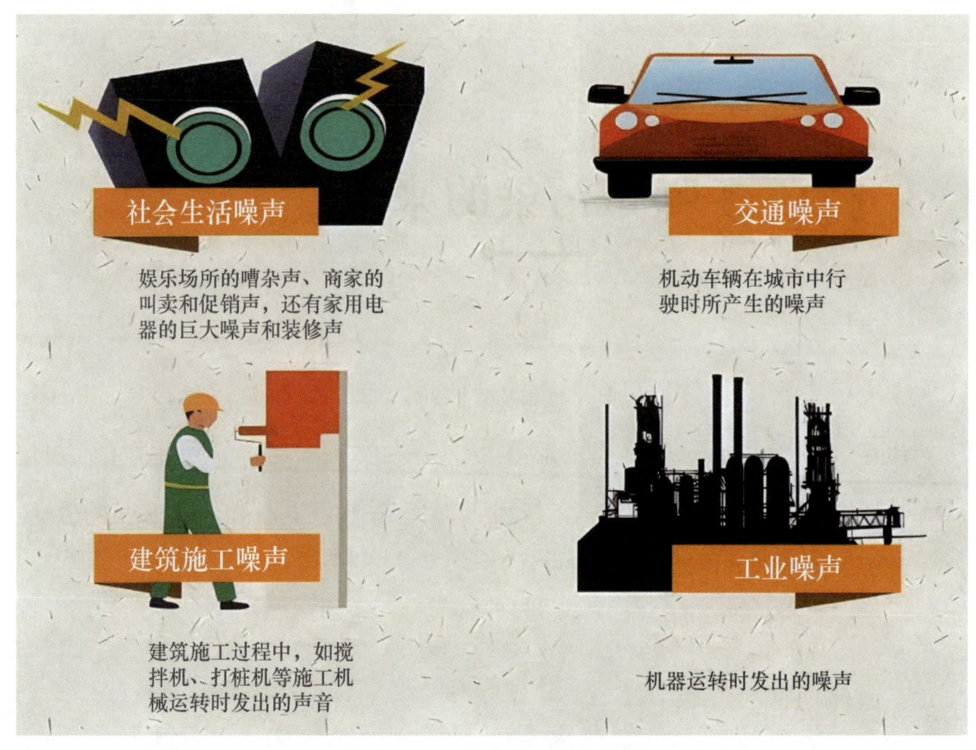

图 10-1 噪声污染的分类

• 10.3.1 交通噪声

城市环境噪声中 70% 来源于交通噪声。汽车噪声一般为 89～92 dB；电喇叭为 90～110 dB；汽喇叭（火车）为 105～110 dB。

• 10.3.2 工业噪声

工业噪声指来自生产过程和市政施工过程中机械振动、摩擦、撞击以及气流扰动所产生的声音。

• 10.3.3 建筑施工噪声

建筑施工噪声指在建筑施工现场，随着工程的进度和施工工序的更替，采用不同的施工机械和施工方法而产生的声音。

• 10.3.4 社会生活噪声

社会生活噪声是指人为活动所产生的除工业噪声、建筑施工噪声和交通噪声之外的干扰周围生活环境的声音。

社会生活噪声分为三类：营业性场所噪声、公共活动场所噪声、其他常见噪声。

① 营业性场所噪声，典型声源包括营业性文化娱乐场所和商业经营活动中使用的扩音设备、游乐设施产生的噪声；

② 公共活动场所噪声，典型声源包括广播、音响等噪声；

③ 其他常见噪声，典型声源包括装修施工、厨卫设备、生活活动等噪声。

10.4 噪声污染的危害

The hazards of noise pollution

主要危害包括：损伤听力，干扰睡眠，给人的生理和心理造成不良影响；影响人们的工作和学习，降低效率；干扰言语交谈和通信联络（表 10–2）。

表 10–2　噪声污染的种类及危害

<table>
<tr><th colspan="2">噪声强度</th><th>危害</th><th>噪声源</th></tr>
<tr><td rowspan="4">不同噪声污染的危害程度</td><td>噪声</td><td>使人头痛、脑胀、多梦、失眠、心慌、全身乏力</td><td>交通噪声</td></tr>
<tr><td>强噪声</td><td>使人听力受损</td><td>工业噪声</td></tr>
<tr><td>极强噪声</td><td>影响胎儿发育，造成胎儿畸形，妨碍儿童智力发育</td><td>建筑施工噪声</td></tr>
<tr><td>噪声振动</td><td>影响建筑物</td><td>社会生活噪声</td></tr>
</table>

随着我国经济的快速发展，城市化进程加快，工业生产、交通运输、建筑施工、商业活动等产生了大量噪声污染问题，噪声污染的投诉和举报越来越多，环境噪声污染治理和管控成为环境管理的一项重要内容。

10.5 噪声污染的控制途径

Ways to control noise

• 10.5.1　从声源上降低噪声

从声源上降低噪声是最根本的方法。工业、交通运输业可以选用低噪声的生产设备和改进生产工艺，或者改变噪声源的运动方式（如用阻尼、隔振等措施降低固体发声体的振动）。

• 10.5.2　在传播途径上控制噪声

① 吸声：声波在传播过程中发生摩擦和阻尼，能降低 10～15 dB。

吸声材料（内部要多孔、孔孔要相连通且这些孔要与外界连通）：玻璃棉、泡沫塑料、吸声砖等。

吸收结构：共振吸声、薄板吸声、微孔板吸声结构等。

② 隔声：使声能受到阻挡而不能直接通过，能降低 10～35 dB。如隔声墙、隔声罩、隔声间和声屏障等。

③ 隔振：防止振动能量从振源传播出去。如金属弹簧、橡胶垫等。

④ 消声器：只能降低空气动力设备的进排气口噪声或沿管道传播的噪声，可降低 20～40 dB。主要有阻性、抗性及复合性消声器等。

• 10.5.3 在接受点阻止噪声

上述两种方法失效后，采用的方法还有耳塞、耳罩、防声蜡棉和防护面具等。

要有效地解决噪声污染之类的环保问题，必须三管齐下——健全法规，严格执法，提高人们的环保意识。只有这样，我们才能生活在一个安静和谐的环境下，才能更好地学习工作。

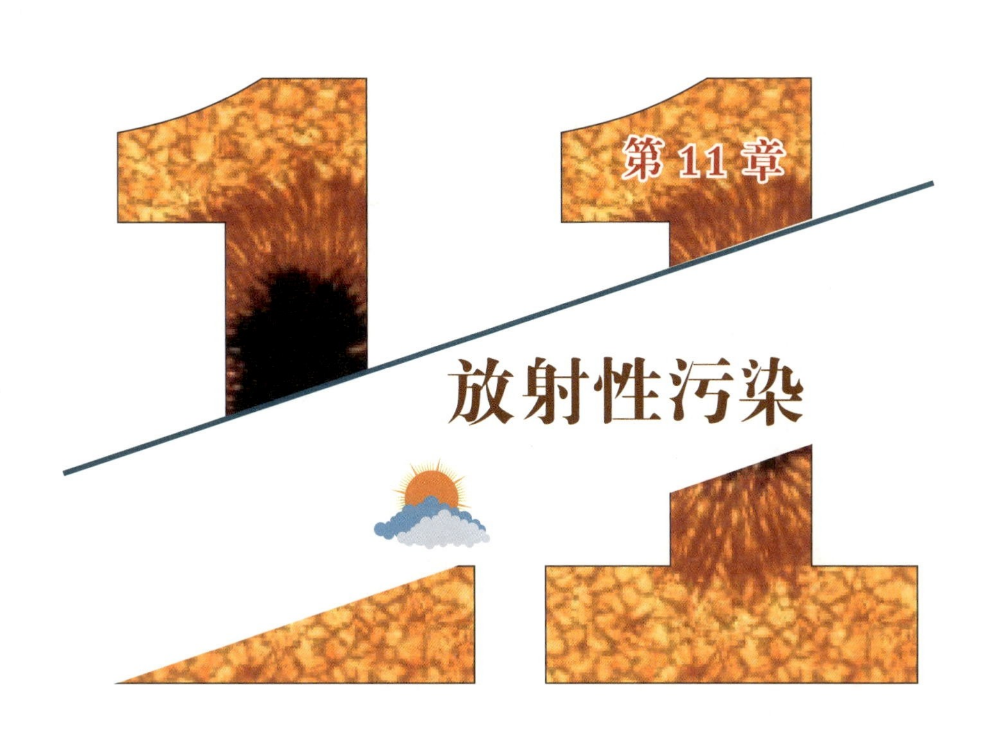

第11章 放射性污染

11.1 放射性污染物来源

Sources of radioactive pollutants

• 11.1.1　概念

在自然界和人工生产的元素中，有一些能自动发生衰变，并放射出肉眼看不见的射线，这些元素统称为放射性元素或放射性物质。

• 11.1.2　来源

环境中放射性物质的来源分为天然放射源和人工放射源。

天然放射源主要来自宇宙辐射、地球和人体内的放射性物质，这种辐射通常称为天然本底辐射。如岩石和土壤中含有铀、钍、锕三个放射系元素。

对公众造成自然条件下原本不存在的辐射的辐射源称为人工辐射源，主要有核试验造成的全球性放射性污染，核能生产、放射性同位素的生产和应用导致放射性物质以气态或液态的形式释放而直接进入环境，核材料贮存、运输或放射性固体废物处理与处置及核设施退役等，则可能造成放射性物质间接地进入环境（表 11-1）。

表 11-1 放射性污染的人为来源

来 源	内 容
核工业	核工业的废水、废气、废渣的排放是造成环境放射性污染的重要原因。此外，铀矿开采过程中的氡和氡的衍生物以及放射性粉尘造成对周围大气的污染，放射性矿井水造成水质的污染，废矿渣和尾矿造成固体废物的污染
核试验	核试验造成的全球性污染要比核工业造成的污染严重得多。1970 年以前，全世界大气层核试验进入大气平流层的 ^{90}锶达 1550 万居里，其中 97% 已沉降到地面，这相当于核工业后处理厂排放 ^{90}锶的 1 万倍以上
核电站	目前全球正在运行的核电站有 400 多座，还有几百座正在建设之中。核电站排入环境中的废水、废气、废渣等均具有较强的放射性，会造成对环境的严重污染
核燃料的后处理	核燃料后处理厂是将反应堆废料进行化学处理，提取钚和铀再度使用，但后处理厂排出的废料依然含有大量的放射性核素，如 ^{90}锶，^{239}钚，仍会对环境造成污染
人工放射性同位素的应用	人工放射性同位素的应用非常广泛。在医疗上，常用“放射治疗”以杀死癌细胞；有时也采用各种方式将放射性同位素有控制地注入人体，作为临床上诊断或治疗的手段；工业上可用于金属探矿；农业上用于育种、保鲜等。但如果使用不当或保管不善，这些放射性同位素也会造成对人体的危害和对环境的污染

11.2 对人体的危害

Harm to human body

辐射对人体的危害主要表现为受到射线过量照射而引起的急性放射病，以及因辐射导致的远期影响。

• 11.2.1 急性放射病

急性放射病是由大剂量的急性照射所引起的，多为意外核事故、核战争所造成。按射线的作用范围，短期大剂量外照射引起的辐射损伤可分为全身性辐射损伤和局部性辐射损伤。国际核事件分级如表 11−2 所示。

表 11−2 国际核事件分级表（INES）

级别	名称	描述	影响范围	示例
0	偏差	无安全影响	无放射性物质释放或人员辐射暴露	设备故障或操作失误，未造成实际影响
1	异常	安全措施超出规定范围，但影响有限	少量放射性物质泄漏，未超过规定限值	少量放射性物质泄漏，未对人员或环境造成影响
2	事件	有明显的安全影响，但辐射影响轻微	工作人员受到超过年剂量限值的辐射，或少量放射性物质泄漏到设施外	工作人员受到超过年剂量限值的辐射
3	严重事件	安全措施严重失效，辐射影响限于局部区域	工作人员受到急性辐射效应，或公众受到轻微辐射	工作人员受到急性辐射效应，或公众受到轻微辐射
4	无显著场外风险的事故	设施内损坏严重，可能有少量放射性物质泄漏到场外	反应堆堆芯部分损坏，或工作人员受到致命辐射	反应堆堆芯部分损坏，或工作人员受到致命辐射
5	具有场外风险的事故	反应堆堆芯严重损坏，放射性物质泄漏到场外	需要实施应急措施，放射性物质泄漏影响到场外	1986 年捷克斯洛伐克的 Bohunice 核电站事故
6	重大事故	大量放射性物质泄漏到场外，需实施应急措施	放射性物质泄漏影响到场外，造成广泛健康和环境影响	1957 年苏联的克什特姆核废料爆炸事故
7	特大事故	放射性物质大规模泄漏，造成广泛健康和环境影响	放射性物质大规模泄漏，造成广泛健康和环境影响	1986 年切尔诺贝利核事故和 2011 年福岛核事故

• 11.2.2 远期影响

辐射危害的远期影响主要是慢性放射病和长期小剂量照射对人体健康的影响，多属于随机效应。

11.3 放射性污染防治

Radioactive pollution prevention and control

• 11.3.1 放射性辐射防护方法

（1）时间防护

人体受照的时间越长，则接受的照射量也越多。因此要求工作人员操作准确敏捷以减少受照时间，或增配人员轮流操作以减少每个工作人员的受照时间。

（2）距离防护

人距辐射源越近，则受照量越大。因此尽可能远距离操作以减少受照量。

（3）屏蔽防护

在辐射源与人之间放置一种合适的屏蔽材料，利用屏蔽材料对射线的吸收来降低外照射剂量。

（4）标识说明

标识说明为防止人们受到不必要的照射，在有放射性物质和射线的地方应设置明显的危险标记。

• 11.3.2　放射性废物的处理处置

（1）放射性废气的处理

根据放射性物质在废气中存在形态的不同采用不同的处理方法。对挥发性放射性废气用吸附法和扩散稀释法处理。以气溶胶形式存在的放射性废气可通过除尘技术达到净化。

（2）放射性废液的处理处置

基本方法是稀释排放、浓缩贮存和回收利用。对不同浓度放射性废液的处理方法不同。

（3）放射性固体废物的处理处置

放射性固体废物指铀矿石提取铀后的废矿渣，被放射性物质沾污而不能用的各种器物和废液处理过程中的残渣、滤渣的固化体。

放射性废物的最终处置是为了确保废物中的有害物质对人类环境不产生危害。基本方法是埋入能与生物圈有效隔离的最终贮存库中。

在核工业企业周围和可能遭受放射性污染的地区进行监测。全世界核工业污染多数属于事故性污染，因而最大限度减少或排除事故和完善事故处理的应急措施，对于保护环境将有重要意义。